电子与机电类
专业基础课程实验指导

主　编　韩连福
副主编　吕　妍　屈重年
　　　　张凤云　张轶群
主　审　韩　建

中国矿业大学出版社
·徐州·

内 容 提 要

本书是为满足电子信息类专业本科生在学习相关专业的理论基础之后,对电路分析基础、模拟电子技术、数字电子技术、高频电子线路、传感器与测试技术等5门基础专业课程进一步培养实践能力的需要而编写的。本书从以上5门课程的实验出发,以实践操作为主,提高学生实验技能和动手能力,以弥补学生在实践动手能力方面的不足。

图书在版编目(C I P)数据

电子与机电类专业基础课程实验指导 / 韩连福主编
. —徐州 :中国矿业大学出版社,2019.8
ISBN 978 - 7 - 5646 - 4541 - 0

Ⅰ. ①电… Ⅱ. ①韩… Ⅲ. ①电工技术-实验-高等学校-教材②机电工程-实验-高等学校-教材 Ⅳ. ①TM-33②TH-33

中国版本图书馆 CIP 数据核字(2019)第 177924 号

书　　名	电子与机电类专业基础课程实验指导
主　　编	韩连福
责任编辑	章　毅　　何晓惠
出版发行	中国矿业大学出版社有限责任公司
	(江苏省徐州市解放南路　邮编 221008)
营销热线	(0516)83884103　83885105
出版服务	(0516)83995789　83884920
网　　址	http://www.cumtp.com　**E-mail**:cumtpvip@cumtp.com
印　　刷	江苏淮阴新华印务有限公司
开　　本	787 mm×1092 mm　1/16　**印张** 14　**字数** 357 千字
版次印次	2019 年 8 月第 1 版　2019 年 8 月第 1 次印刷
定　　价	56.00 元

(图书出现印装质量问题,本社负责调换)

前　言

　　本书是在结合电子信息工程专业基础课程实验训练的基础上,根据电子信息类卓越工程师培养目标配套实验课程需求而编写的。全书内容包括电路分析基础、模拟电子技术、数字电子技术、高频电子线路、传感器与测试技术,主要面向电子信息和机电类专业基础课程实验和创新设计实践训练。

　　本书编写力求做到基础性、综合性、设计性、创新性相统一,针对性强,便于教师和学生使用。本书注重内容的实用性、通俗性,有助于读者掌握电路原理和实现方法。本书主要体现学生实践训练环节,满足普通工科院校电子信息类专业对课程设计的要求。

　　本书由韩连福(东北石油大学)主编,并负责全书的统稿和整理,韩建(东北石油大学)担任主审。实验1.1至实验2.4由吕妍(东北石油大学)编写;实验2.5至实验3.2由屈重年(南阳师范学院)编写;实验3.3至实验3.7由张凤云(东北石油大学)编写;实验3.8至实验4.4由张轶群(东北石油大学)编写;实验4.5至实验5.8及附录由韩连福编写。在本书编写过程中得到了东北石油大学电子科学学院领导及电子信息工程专业师生的大力支持,特别是韩建、于波、周围三位老师在内容审订上给予了很大的支持,编者在此表示衷心的感谢。

　　由于编者水平有限,书中疏漏和不当之处在所难免,恳请读者批评指正。

编　者

2019 年 8 月

目　　录

第1章　电路分析基础实验

实验1.1　电路元件伏安特性的测量

一、实验目的

1. 学会识别常用电路和元件的方法。

2. 掌握线性电阻、非线性电阻元件及电压源和电流源伏安特性的测试方法。

3. 学会常用直流电工仪表和设备的使用方法。

二、实验原理

任何一个二端元件的特性都可用该元件上的端电压 U 与通过该元件的电流 I 之间的函数关系 $I=f(U)$ 表示,即用 I-U 平面上的一条曲线来表征,此为元件的伏安特性曲线。

1. 线性电阻器的伏安特性曲线是一条通过坐标原点的直线,如图1.1.1中 a 直线所示,该直线的斜率等于该电阻器的电阻值。

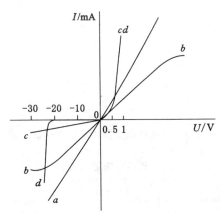

图1.1.1　各种电路元件的伏安特性曲线

2. 一般的白炽灯在工作时灯丝处于高温状态,其灯丝电阻随着温度的升高而增大。通过白炽灯的电流越大,其温度越高,阻值也越大。一般灯泡的"冷电阻"与"热电阻"的阻值相差几倍至几十倍,它的伏安特性曲线如图1.1.1中 b 曲线所示。

3. 一般的半导体二极管是一个非线性电阻元件,其伏安特性曲线如图1.1.1中 c 曲线所示。正向压降很小(一般的锗管为 $0.2\sim0.3$ V,硅管为 $0.5\sim0.7$ V),正向电流随正向压降的升高而急剧上升,而反向电压从零一直增加到几十伏时,其反向电流增加很小,粗略地可视为零。可见,二极管具有单向导电性,但反向电压加得过高,超过二极管的极限值时,则会导致二极管击穿损坏。

4. 稳压二极管是一种特殊的半导体二极管,其正向特性与普通二极管类似,但其反向特性较特别,如图1.1.1中 d 曲线所示。在反向电压开始增加时,其反向电流几乎为零,但当电压增加到某一数值时(称为管子的稳压值,有各种不同稳压值的稳压管)电流将突然增加,然后它的端电压将维持恒定,不再随外加的反向电压升高而增大。注意:流过稳压二极管的电流不能超过二极管的极限值,否则二极管将会被烧坏。

三、实验设备

1. 可调直流稳压电源,0~30 V 或 0~12 V,1 个;

2. 万用表,MF500B 或其他,1 个;

3. 直流数字毫安表,1 个;

4. 直流数字电压表,1 个;

5. 可调电位器或滑线变阻器,1 个;

6. 二极管,2CP15(或 IN4004),1 个;

7. 稳压管,2CW51,1 个;

8. 白炽灯,12 V,1 个;

9. 线性电阻器,1 kΩ/1 W,1 个。

四、实验内容

1. 测定线性电阻器的伏安特性

按图 1.1.2 接线,调节稳压电源的输出电压 U,从 0 V 开始缓慢地增加,一直到 10 V,记下相应的电压表和电流表的读数 U_R、I。实验结果填入表 1.1.1。

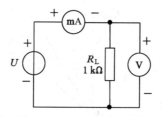

图 1.1.2　线性电阻器伏安特性测试电路

表 1.1.1　线性电阻器伏安特性测试

U_R/V	0	3	4	5	7	8	10
I/mA							

2. 测定非线性白炽灯泡的伏安特性

将图 1.1.2 中的 R_L 换成一只 12 V 的汽车灯泡,重复 1 的步骤。实验结果填入表 1.1.2。

表 1.1.2　白炽灯泡伏安特性测试

U_R/V	0	3	4	5	7	8	10
I/mA							

3. 测定半导体二极管的伏安特性

按图 1.1.3 接线,R 为限流电阻器,其阻值为 200 Ω。测二极管的正向特性时,其正向电流不得超过 35 mA,二极管 VD 的正向施压 U_{VD+} 可在 0~0.75 V 的范围内取值,特别是在 0.5~0.75 V 之间更应多取几个测量点。做反向特性实验时，只需将图 1.1.3 中的二极管 VD 反接，且反向施压 U_{VD-} 可加到 30 V。实验结果填入表 1.1.3 和表 1.1.4。

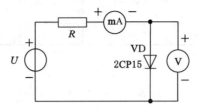

图 1.1.3　半导体二极管伏安特性测试电路

表 1.1.3　半导体二极管正向特性实验数据

U_{VD+}/V	0.10	0.30	0.50	0.55	0.60	0.65	0.70	0.75
I/mA								

表 1.1.4　半导体二极管反向特性实验数据

U_{VD-}/V	−3	−5	−10	−20	−30	−35	−40
I/mA							

4. 测定稳压二极管的伏安特性

将图 1.1.3 中的二极管换成稳压二极管，重复实验内容 3 的测量，测量点自定。实验结果填入表 1.1.5 和表 1.1.6。

表 1.1.5　稳压二极管正向特性实验数据

U_{VD+}/V						
I/mA						

表 1.1.6　稳压二极管反向特性实验数据

U_{VD-}/V						
I/mA						

5. 测定电压源伏安特性

按图 1.1.4 连接电路图，调节 U 为 5 V，改变 R_L 的值，测量 U 和 I 的值。记入表 1.1.7 中。

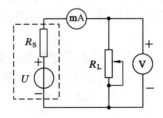

图 1.1.4　电压源伏安特性测试电路

表 1.1.7 电压源伏安特性测试数据

R_L/Ω	100	200	300	500	600	700	800
I/mA							
U/V							

6. 测定电流源伏安特性

按图 1.1.5 接好电路图，调节 R_L 的值，测出各种不同 R_L 值时的 I 和 U，记入表 1.1.8 中。

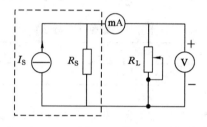

图 1.1.5 电流源伏安特性测试电路

表 1.1.8 电流源伏安特性测试数据

R_L/Ω	100	200	300	500	600	700	800
I/mA							
U/V							

五、实验注意事项

1. 测二极管正向特性时，稳压电源输出应由小至大逐渐增加，应时刻注意电流表读数不得超过 35 mA。

2. 进行不同实验时，应先估算电压和电流值，合理选择仪表的量程，切勿使仪表超量程，仪表的极性不可接错。

六、预习思考题

1. 线性电阻与非线性电阻的概念是什么？电阻器与二极管的伏安特性有何区别？

2. 设某器件伏安特性曲线的函数式为 $I=f(U)$，试问在逐点绘制曲线时，其坐标变量应如何放置？

3. 在图 1.1.3 中，设 $U=3$ V，$U_{\text{VD}+}=0.7$ V，则毫安表(mA)读数为多少？

4. 稳压二极管与普通二极管有何区别？分别有何用途？

七、实验报告

1. 根据各实验数据，分别在坐标纸上绘制出光滑的伏安特性曲线。二极管和稳压管的正、反向特性均要求画在同一张图中，正、反向电压可取为不同的比例尺。

2. 根据实验结果，总结、归纳各被测元件的特性。

3. 进行必要的误差分析。

实验 1. 2　基尔霍夫定律

一、实验目的

1. 加深对基尔霍夫定律的理解,用实验数据验证基尔霍夫定律。

2. 学会用电流表测量各支路电流。

二、实验原理

1. 基尔霍夫电流定律:基尔霍夫电流定律是电流的基本定律。即对电路中的任一个节点而言,流入到电路的任一节点的电流总和等于从该节点流出的电流总和,即应有 $\sum I = 0$。

2. 基尔霍夫电压定律:对任何一个闭合回路而言,沿闭合回路电压降的代数总和等于零,即应有 $\sum U = 0$。这一定律实质上是电压与路径无关性质的反映。

基尔霍夫定律的形式对各种不同的元件所组成的电路都适用,对线性和非线性都适用。运用上述定律时必须注意各支路或闭合回路中电流的正方向,此方向可预先任意设定。

三、实验设备

1. 可调直流稳压电源,0~30 V 或 0~12 V,1 个;

2. 直流稳压电源,6 V、12 V,各 1 个;

3. 万用表,MF500B 或其他,1 个;

4. 直流数字毫安表,1 个;

5. 直流数字电压表,1 个。

四、实验内容

实验线路如图 1.2.1 所示,把开关 K_1 接通 U_1,K_2 接通 U_2,K_3 接通 R_4。就可以连接出基尔霍夫定律的验证单元电路,如图 1.2.2 所示。

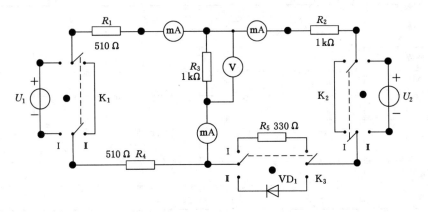

图 1.2.1　基尔霍夫定律验证单元实验线路图

1. 实验前先任意设定三条支路和三个闭合回路的电流正方向。图 1.2.2 中的 I_1、I_2、I_3 的方向已设定。三个闭合回路的电流正方向可设为 $ADEFA$、$BADCB$、$FBCEF$。

2. 分别将两路直流稳压源接入电路,令 $U_1 = 8$ V,$U_2 = 12$ V。

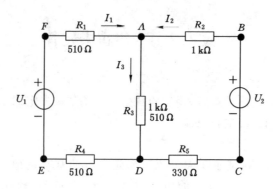

图 1.2.2　基尔霍夫定律验证电路图

3. 用电流表分别测量三条支路的电流,并记录电流值,填写表 1.2.1,验证节点 A 的基尔霍夫电流定律。

4. 用直流数字电压表分别测量两路电源及电阻元件上的电压值,记录电压值,填写表 1.2.2。

表 1.2.1　基尔霍夫电流定律验证

被测值	U_1 /V	U_2 /V	U_{FA} /V	U_{BA} /V	U_{AD} /V	I_1 /mA	I_2 /mA	I_3 /mA	I_1+I_2 /mA
理论值									
测量值									
相对误差									

表 1.2.2　基尔霍夫电压定律验证

回路 1	U_1 /V	U_{FA} /V	U_{DE} /V	U_{AD} /V	$U_{FA}+U_{DE}+U_{AD}$ /V
理论值					
测量值					
相对误差					
回路 2	U_2 /V	U_{BA} /V	U_{DE} /V	U_{DC} /V	$U_{BA}+U_{DE}U_{DC}$ /V
理论值					
测量值					
相对误差					

五、实验注意事项

1. 所有需要测量的电压值,均以电压表测量的读数为准。U_1、U_2 也需测量,不应取电源本身的显示值。

2. 防止稳压电源两个输出端因碰线而短路。

3. 所读得的电压或电流值的正、负号应根据设定的电流参考方向来判断。

4. 测量时,应先估算电流、电压的大小,选择合适的量程,以免损坏电表。

5. 用指针式电流表进行测量时,若指针反偏(电流为负值时),此时必须调换电流表极性,重新测量,此时指针正偏,但读得的电流值必须冠以负号。

六、预习思考题

1. 根据图 1.2.2 的电路测量参数,计算出待测的电流 I_1、I_2、I_3 和各电阻上的电压值,记入表中,以便实验测量时,可正确地选定毫安表和电压表的量程。

2. 实验中,若用指针式万用表的直流毫安挡测各支路电流,在什么情况下可能出现指针反偏,此时应如何处理? 在记录数据时应注意什么? 若用直流数字毫安表进行测量时,则会有什么显示?

七、实验报告

1. 根据实验数据,选定节点 A,验证基尔霍夫电流定律的正确性。

2. 根据实验数据,选定实验电路中的任一闭合回路,验证基尔霍夫电压定律的正确性。

3. 将支路和闭合回路的电流方向重新设定,重复 1、2 两项验证。

4. 分析产生误差的原因。

实验 1.3　叠加定理的验证

一、实验目的

1. 验证线性电路叠加定理的正确性,加深对线性电路的叠加性和齐次性的认识和理解。

2. 学习复杂电路的连接方法。

二、实验原理

如果把独立电源称为激励,由它引起的支路电压、电流称为响应,则叠加定理可以简述为:在有多个独立源共同作用下的线性电路中,通过每一个元件的电流或其两端的电压,可以看成是每一个独立源单独作用时在该元件上所产生的电流或电压的代数和。

在含有受控源的线性电路中,叠加定理也是适用的。但叠加定理不适用于功率计算,因为在线性网络中,功率是电压或者电流的二次函数。

线性电路的齐次性是指当激励信号(某独立源的值)增加或减少 K 倍时,电路的响应(即在电路其他各电阻元件上所建立的电流和电压值)也将增加或减小 K 倍。

三、实验设备

1. 可调直流稳压电源,0~30 V 或 0~12 V,1 个;

2. 直流稳压电源,6 V、12 V 切换;

3. 万用表,MF500B 或其他,1 个;

4. 直流数字毫安表,1 个;

5. 直流数字电压表,1 个。

四、实验内容

实验线路如图 1.3.1 所示。叠加定理验证电路图如图 1.3.2 所示。

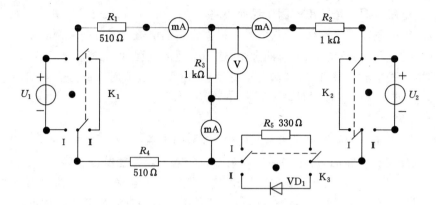

图 1.3.1　叠加定理验证单元实验线路图

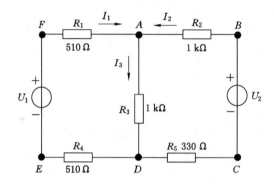

图 1.3.2　叠加定理验证电路图

1. 将两路稳压源的输出分别调节为 12 V 和 6 V,接到 U_1 和 U_2 处。

2. 令 U_1 电源单独作用(将开关 K_1 投向 U_1,开关 K_2 投向短路侧)。用直流数字电压表和毫安表分别测量各支路电流及各电阻元件两端的电压,数据记入表 1.3.1。

3. 令 U_2 电源单独作用(将开关 K_1 投向短路侧,开关 K_2 投向 U_2 侧),重复实验步骤 2 的测量并记录,数据记入表 1.3.1。

4. 令 U_1 和 U_2 共同作用(开关 K_1 和开关 K_2 分别投向 U_1 和 U_2 侧),重复上述测量,重复实验步骤 2 的测量并记录,数据记入表 1.3.1。

表 1.3.1　叠加定理验证(1)

测量项目	I_1 /mA	I_2 /mA	I_3 /mA	U_{AB} /V	U_{CD} /V	U_{AD} /V	U_{DE} /V	U_{FA} /V
$U_1=12$ V, $U_2=0$ V								
$U_1=0$ V, $U_2=6$ V								
$U_1=12$ V, $U_2=6$ V								

5. 将 U_2 的数值调至＋12 V,重复上述第 3 步的测量并记录,数据记入表 1.3.1。

6. 将 R_4 换成二极管 IN4004,把开关 K_3 打向二极管 IN4004 侧,重复步骤 1～5,数据记入表 1.3.2。

表 1.3.2　叠加定理验证(2)

测量项目	I_1 /mA	I_2 /mA	I_3 /mA	U_{AB} /V	U_{CD} /V	U_{AD} /V	U_{DE} /V	U_{FA} /V
$U_1=12$ V, $U_2=0$ V								
$U_1=0$ V, $U_2=6$ V								
$U_1=12$ V, $U_2=6$ V								

五、实验注意事项

1. 用电流表测量各支路电流时,或者用电压表测量电压降时,应注意仪表的极性,正确判断测得值的＋、一号后,记入数据表格。

2. 注意仪表量程的及时更换。

六、预习思考题

1. 可否直接将不作用的电源(U_1 或 U_2)短接置零?

2. 实验电路中,若有一个电阻器改为二极管,试问叠加定理的叠加性与齐次性还成立吗? 为什么?

七、实验报告

1. 根据实验数据表格,进行分析、比较、归纳、总结实验结论,即验证线性电路的叠加性与齐次性。

2. 各电阻器所消耗的功率能否用叠加定理计算得出? 试用上述实验数据,进行计算并作结论。

3. 通过实验内容 6 及分析表格 1.3.2 的数据,能得出什么样的结论?

实验 1.4　戴维南定理和诺顿定理的验证

一、实验目的

1. 验证戴维南定理和诺顿定理,加深对戴维南定理和诺顿定理的理解。

2. 掌握有源二端口网络等效电路参数的测量方法。

二、实验原理

1. 任何一个线性含源网络,如果仅研究其中一条支路的电压和电源,则可将电路的其余部分看作是一个有源二端口网络(或称为有源二端网络)。

戴维南定理指出,任何一个线性有源二端口网络,总可以用一个电压源和一个电阻的串联来等效代替,如图 1.4.1 所示。

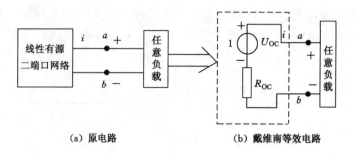

（a）原电路　　　　　　　（b）戴维南等效电路

图 1.4.1　戴维南定理原理图

电压源的电动势 U_S 等于这个有源二端口网络的开路电压 U_{OC}，其等效内阻 R_0 等于该网络中所有独立源均置零（理想电压源视为短接，理想电流源视为开路）时的等效电阻。

诺顿定理指出，任何一个线性有源网络，总可以用一个电流源与一个电阻并联来等效代替，如图 1.4.2 所示。

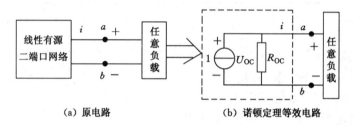

（a）原电路　　　　　　　（b）诺顿定理等效电路

图 1.4.2　诺顿定理原理图

此电流源的电流 I_S 等于这个有源二端口网络的短路电流 I_{SC}，其等效内阻 R_0 定义同戴维南定理。

$U_{OC}(U_S)$ 和 R_0 或者 $I_{SC}(I_S)$ 和 R_0 称为有源二端口网络的等效参数。

2. 有源二端口网络等效参数的测量方法。

（1）开路电压、短路电流法测 R_0

在有源二端口网络输出端开路时，用电压表直接测其输出端的开路电压 U_{OC}，然后再将其输出端短路，用电流表测其短路电流 I_{SC}，其等效内阻为 $R_0 = U_{OC}/I_{SC}$。如果二端网络的内阻很小，此时将其输出端口短路则易损坏其内部元件，因此不宜采用此法。

（2）伏安法

用电压表、电流表测出有源二端网络的外特性如图 1.4.3 所示。根据外特性曲线求出斜率 $\tan \Phi$，则内阻为 $R_0 = \dfrac{U_{OC} - U_N}{I_N}$。

用伏安法主要是测量开路电压及电流为额定值 I_N 时的输出端电压值 U_N，则内阻为 $R_0 = \dfrac{U_{OC} - U_N}{I_N}$。

若二端网络的内阻值很低，则不宜测其短路电流。

（3）半电压法测 R_0

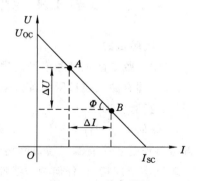

图 1.4.3　伏安特性

如图 1.4.4 所示,当负载 R_L 的电压为被测网络开路电压的一半时,负载电阻(由电阻箱的读数确定)即为被测有源二端口网络的等效内阻值。

(4)零示法测量 U_{OC}

在测量具有高内阻有源二端口网络的开路电压时,用电压表直接测量会造成较大的误差。为了消除电压表内阻的影响,往往采用零示测量法,如图 1.4.5 所示。

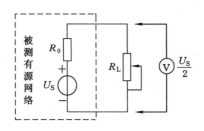
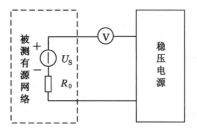

图 1.4.4 半电压法测量   图 1.4.5 零示法测量

零示法测量原理是用一低内阻的稳压电源与被测有源二端网络进行比较,当稳压电源的输出电压与有源二端网络的开路电压相等时,电压表的读数将为"0"。然后将电路断开,测量此时稳压电源的输出电压,即为被测有源二端网络的开路电压。

三、实验设备

1. 可调直流稳压电源,0~30 V 或 0~12 V,1 个;

2. 可调直流恒流源,1 个;

3. 万用表,MF500B 或其他,1 个;

4. 直流数字毫安表,1 个;

5. 直流数字电压表,1 个;

6. 电位器,470 Ω,1 台。

四、实验内容

被测有源二端网络电路及其等效电路如图 1.4.6 所示。

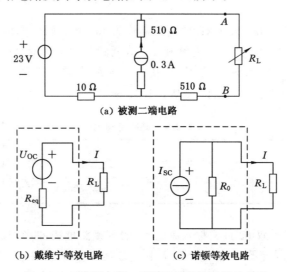

图 1.4.6 被测有源二端网络电路及其等效电路

1. 用开路电压、短路电流法测定戴维南等效电路的 U_{OC}、R_0 和诺顿等效电路的 I_{SC}、R_0。按图 1.4.6(a)接入稳压电源 $U_S = 23$ V 和恒流源 $I_S = 300$ mA。接入负载 R_L(自己选定)。测出 U_{OC} 和 I_{SC},并计算出 R_{eq}(测 U_{OC} 时,不接入毫安表,$R_{eq} = U_{OC}/I_{SC}$)。数据记入表 1.4.1。

表 1.4.1　等效电阻测试

U_{OC}/V	I_{SC}/mA	R_{eq}/Ω

2. 负载实验。按图 1.4.6(a)接入 R_L,改变 R_L 阻值,测量有源二端口网络的外特性曲线。数据记入表 1.4.2。

表 1.4.2　负载特性测试

R_L/Ω							
U/V							
I/mA							

3. 验证戴维南定理。用一只 1 kΩ 的电位器作为 R_L,将其阻值调整到等于按步骤 1 所得的等效电阻 R_{eq} 之值,并联后令其与直流稳压电源 U_{S1}(调到步骤 1 时所测得的开路电压 U_{OC} 之值)相串联,如图 1.4.6(b)所示,把 U_{S1} 和 R_L 串联成一个回路。仿照步骤 2 测其外特性,对定理进行验证。数据记入表 1.4.3。

表 1.4.3　戴维南定理测试

R_L/Ω			520 Ω			
U/V						
I/mA						

4. 验证诺顿定理。用一只 1 kΩ 的电位器作为 R_L,将其阻值调整到等于按步骤 1 所得的等效电阻 R_{eq} 之值,然后将其与直流恒流源 I_{S1}(调到步骤 1 时所测得的短路电流 I_{SC} 之值)相并联,如图 1.4.6(c)所示,把 I_{S1} 和 R_{eq} 并联后再与 R_1 串联。把 R_L 改换不同的阻值测其外特性,对诺顿定理进行验证。数据记入表 1.4.4。

表 1.4.4　诺顿定理测试

R_L/Ω			520 Ω			
U/V						
I/mA						

5. 有源二端网络等效电阻(又称入端电阻)的直接测量法,如图 1.4.6(a)所示。将被测有源网络的所有独立源置零(去掉电流源 I_S 和电压源 U_S,并在原电压源所接的两点用一根短路导线相连),然后用伏安法或者直接用万用表的欧姆挡去测定负载 R_L 开路时 A、B 两点

间的电阻,此即为被测网络的等效电阻 R_{eq},或称网络的入端电阻 R_i。

6．用半电压法和零示法测量被测网络的等效内阻 R_{eq} 及其开路电压 U_{OC},线路及数据表格自拟。

五、实验注意事项

1．测量时,应注意电流表量程的更换。

2．实验内容步骤 5 中,电压源置零时不可将稳压源短接。

3．用万用表直接测 R_{eq} 时,网络内的独立源必须先置零,以免损坏万用表;其次,欧姆表必须经调零后再进行测量。

六、预习思考题

1．在求戴维南或诺顿等效电路时,做短路实验,测量 I_{SC} 的条件是什么?在本实验中可否直接做负载短路实验?请实验前对线路图 1.4.6 预先做好计算,以便调整实验线路及测量时可准确地选取电表的量程。

2．说明测有源二端网络开路电压及等效内阻的几种方法,并比较它们的优缺点。

七、实验报告

1．根据步骤 2、3、4,分别绘出曲线,验证戴维南定理和诺顿定理的正确性,并分析产生误差的原因。

2．将根据步骤 1、5、6 的几种方法测得的 U_{OC} 与 R_{eq} 与预习时电路计算的结果作比较。

3．归纳、总结实验结果。

实验 1.5　电压源与电流源的等效变换

一、实验目的

1．掌握电源外特性的测试方法。

2．验证电压源与电流源等效变换的条件。

二、实验原理

1．一个直流稳压电源在一定的电流范围内,具有很小的内阻。故在实用中,常将它视为一个理想的电压源,即其输出电压不随电流而变化。其外特性曲线,即其伏安特性曲线 $U=f(I)$ 是一条平行于 I 轴的直线。同样,一个恒流源在使用中,在一定的电压范围内,可视为一个理想的电流源。

2．一个实际的电压源(或电流源),其端电压(或输出电流)不可能不随负载而变,因为它具有一定的内阻。故在实验中,用一个小阻值的电阻(或大电阻)与稳压源(或恒流源)相串联(或并联)来模拟一个实际的电压源(或电流源)。

3．一个实际的电源,就其外部特性而言,既可以看成是一个电压源,又可以看成是一个电流源。若视为电压源,则可用一个理想的电压源 U_S 与一个电阻 R_0 相串联的组合来表示。若视为一个电流源,则可用一个理想的电流源 I_S 与一电导 g_0 相并联的组合来表示。如果这两种电源能向同样大小的负载供出同样大小的电流和端电压,则称这两个电源是等效的,即具有相同的外特性。一个电压源和一个电流源等效变换的条件为:

$$I_S=U_S/R_0, g_0=1/R_0 \text{ 或 } U_S=I_S R_0, R_0=1/g_0$$

如图 1.5.1 所示。

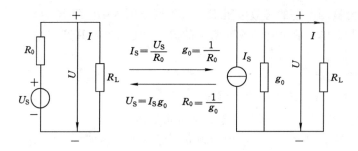

图 1.5.1　电压源和电流源的等效变换

三、实验设备

1. 可调直流稳压电源,0~30 V 或 0~12 V,1 个;

2. 可调直流恒流源,1 个;

3. 万用表,MF500B 或其他,1 个;

4. 直流数字毫安表,1 个;

5. 直流数字电压表,1 个;

6. 电位器,470 Ω,1 台。

四、实验内容

1. 测定直流稳压电源与实际电压源的外特性

(1) 按图 1.5.2(a)接线。U_S 为 +6 V 直流稳压电源。调节 R_2,令其阻值由大至小变化,记录两表的读数。

U/V							
I/mA							

(2) 按图 1.5.2(b)接线,虚线框可模拟为一个实际的电压源。调节 R_2,令其阻值由大至小变化,记录两表的读数。

U/V							
I/mA							

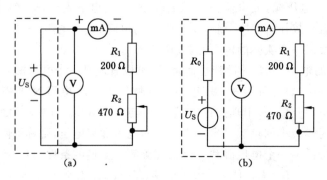

图 1.5.2　被测电路

2. 测定电流源的外特性

按图 1.5.3 接线，I_S 为直流恒流源，调节其输出为 10 mA，令 R_0 分别为 200 Ω 和 ∞（即接入和断开），调节电位器 R_L（从 0 至 470 Ω），测出这两种情况下的电压表和电流表的读数。自拟数据表格，记录实验数据。

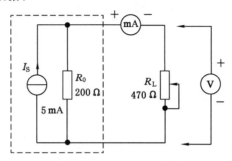

图 1.5.3　电流源外特性测定电路

3. 测定电源等效变换的条件

先按图 1.5.4(a) 线路接线，记录线路中两表的读数。然后再按图 1.5.4(b) 接线。调节恒流源的输出电流 I_S。使两表的读数与图 1.5.4(a) 时的数值相等，记录 I_S 之值，验证等效变换条件的正确性。

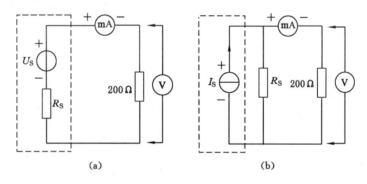

（a）　　　　　　　　　　　　（b）

图 1.5.4　电源等效测定电路

五、实验注意事项

1. 在测量电压源外特性时不要忘记测量空载时的电压值，测电流源外特性时不要忘记测量短路时的电流值，注意恒流源负载电压不要超过 20 V，负载不要开路。

2. 换接线路时，必须关闭电源开关。

3. 直流电表的接入应注意极性与量程。

六、预习思考题

1. 通常直流稳压电源的输出端不允许短路，直流恒流源的输出端不允许开路，为什么？

2. 电压源与电流源的外特性为什么呈下降变化趋势？稳压源与恒流源的输出在任何负载下是否保持恒值？

七、实验报告

1. 根据实验数据绘出电源的四条外特性曲线，并总结、归纳各类电源的特性。

2．根据实验结果，验证电源等效变换的条件。

实验 1.6　RC 一阶电路的动态过程研究实验

一、实验目的

1．测定 RC(Resistor Capacitance)一阶电路的零输入响应、零状态响应及完全响应。

2．学习电路时间常数的测量方法。

3．掌握有关微分电路和积分电路的概念。

4．进一步学会用示波器观测波形。

二、实验原理

1．动态网络的过渡过程是十分短暂的单次变化过程。对时间常数 τ 较大的电路，可用慢扫描长余辉示波器观察光点移动的轨迹。而要用普通的示波器观察过渡过程和测量有关的参数，就必须使这次单次变化的过程重复出现。为此，我们利用信号发生器输出的方波来模拟阶跃激励信号，即利用方波输出的上升沿作为零状态响应的正阶跃激励信号；利用方波的下降沿作为零输入响应的负阶跃激励信号。只要选择方波的重复周期大于电路的时间常数 τ，那么电路在这样的方波序列脉冲信号的激励下，其响应就和直流电接通与断开的过渡过程是基本相同的。

2．图 1.6.1 所示的 RC 一阶电路的零输入响应与零状态响应分别按指数规律衰减与增长，其变化的快慢决定于电路的时间常数 τ。

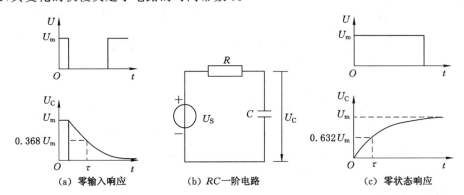

图 1.6.1　RC 电路时间特性

3．时间常数 τ 的测定方法。

用示波器测量零输入响应的波形如图 1.6.1(a)所示。根据一阶微分方程的求解得知 $U_C = U_m e^{-t/RC} = U_m e^{-t/\tau}$。当 $t = \tau$ 时，$U_C(\tau) = 0.368 U_m$。此时所对应的时间就等于 τ。亦可用零状态响应波形增加到 $0.632 U_m$ 所对应的时间测得，如图 1.6.1(c)所示。

4．微分电路和积分电路是 RC 一阶电路中较典型的电路，它对电路元件参数和输入信号的周期有着特定要求。

一个简单的 RC 串联电路，在方波序列脉冲的重复激励下，当满足 $\tau = RC \ll T/2$ 时（T 为方波脉冲的重复周期），且由 R 两端的电压作为响应输出，则该电路就是一个微分电路。因为此时电路的输出信号电压与输入信号电压的微分成正比，如图 1.6.2(a)所示。利用微分电路可将方波转变成冲击脉冲。

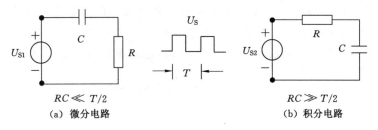

（a）微分电路　　　　　　　　　　（b）积分电路

图 1.6.2　RC 串联电路

　　若将图 1.6.2(a)中的 R 与 C 位置调换一下，如图 1.6.2(b)所示，由 C 两端的电压作为响应输出，且当电路的参数满足 $\tau = RC \gg T/2$ 时，则该 RC 电路称为积分电路。因为此时电路的输出信号电压与输入信号电压的积分成正比。利用积分电路可以将方波转变成三角波。

　　从输入输出波形来看，上述两个电路均起着波形变换的作用，请在实验过程中仔细观察和记录。

三、实验设备

1. 脉冲信号发生器，1 台；

2. 双踪示波器，1 台。

四、实验内容

实验电路如图 1.6.3 所示。

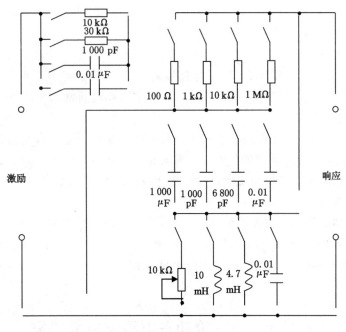

图 1.6.3　实验电路

1. 在一阶电路单元上选择 R、C 元件，令 $R = 30$ kΩ，$C = 1\,000$ pF。

组成如图 1.6.1(b)所示的 RC 充放电电路。U_S 为脉冲信号发生器输出的 $U_{P-P} =$

$2\sim3$ V,$f=1$ kHz 的方波电压信号,并通过两根同轴电缆线,将激励源 U_S 和响应 U_C 的信号分别连至示波器的两个输入口 YA 和 YB,这时可在示波器的屏幕上观察到激励与响应的变化规律,利用光标测算出时间常数 τ,并用方格纸按 $1:1$ 的比例描绘波形。

改变电容值或电阻值,定性观察对响应的影响,记录观察到的现象,填写表 1.6.1。

表 1.6.1　RC 一阶电路响应测试

R	C	$\tau=RC$(计算值)	τ(实测值)
30 kΩ	1 000 pF		
10 kΩ	1 000 pF		
10 kΩ	6 800 pF		

2. 令 $C=0.1$ μF,$R=10$ kΩ,组成如图 1.6.2(a)所示的微分电路。在同样的方波激励信号($U_{P-P}=2\sim3$ V,$f=1$ kHz)作用下,观测并描绘激励与响应的波形。

增减 R 之值,定性地观察对响应的影响,并作记录。思考当 R 增至 1 MΩ 时,输入输出波形有何本质上的区别。

五、实验注意事项

1. 调节电子仪器各旋钮时,动作不要过快、过猛。实验前,需熟读双踪示波器的使用说明书。观察双踪时,要特别注意相应开关、旋钮的操作与调节。

2. 信号源的接地端与示波器的接地端要连在一起(称共地),以防因外界干扰而影响测量的准确性。

3. 示波器的辉度不应过亮,尤其是光点长期停留在荧光屏上不动时,应将辉度调暗一些,以延长示波管的使用寿命。

六、预习思考题

1. 什么样的电信号可作为 RC 一阶电路零输入响应、零状态响应和全响应的激励源?

2. 已知 RC 一阶电路 $R=10$ kΩ,$C=0.1$ μF,试计算时间常数 τ,并根据 τ 值的物理意义,拟定测量 τ 的方案。

3. 何谓积分电路和微分电路?它们必须具有什么条件?它们在方波序列脉冲的激励下,其输出信号波形的变化规律如何?这两种电路有何功用?

4. 预习要求:熟读仪器使用说明,回答上述问题,准备方格纸。

七、实验报告

1. 根据实验观测结果,在方格纸上绘出 RC 一阶电路充放电时 U_C 的变化曲线,由曲线测得 τ 值,并与参数值的计算结果作比较,分析误差原因。

2. 根据实验观测结果,归纳、总结积分电路和微分电路的形成条件,阐明波形变换的特征。

实验 1.7　二阶动态电路响应的研究

一、实验目的

1. 学习用实验方法研究二阶动态电路的响应,了解电路元件参数对响应的影响。

2. 观察、分析二阶电路响应的三种状态轨迹及其特点,以加深对二阶电路的认识与理解。

二、实验原理

一个二阶电路在方波正、负阶跃信号的激励下,可获得零状态与零输入响应,其响应的变化轨迹决定于电路的固有频率,当调节电路的元件参数值,使电路的固有频率分别为负实数、共轭复数及虚数时,可获得单调衰减、衰减振荡和等幅振荡的响应。在实验中可获得过阻尼、欠阻尼和临界阻尼三种响应图形。

简单而典型的二阶电路是一个 RLC 串联和 GCL 并联电路,这二者之间存在着对偶关系。本实验仅对 RLC 并联电路进行研究。

三、实验设备

1. 脉冲信号发生器,1 台;
2. 双踪示波器,1 台;
3. 动态电路实验板,1 个。

四、实验内容

动态电路实验板与实验 1.6 相同,如图 1.6.3 所示。利用动态电路板中的元件与开关的配合作用,组成如图 1.7.1 所示的 RLC 并联电路。

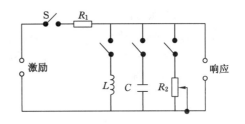

图 1.7.1　RLC 并联电路

令 $R_1=10$ kΩ,$L=4.7$ mH,$C=1\ 000$ pF,R_2 为 10 kΩ 可调电阻器,令函数信号发生器的输出为 $U_m=3$ V,$f=1$ kHz 的方波脉冲信号,输出端接至上图的激励端,同时用同轴电缆线将激励端和响应输出端接至双踪示波器前的 YA 和 YB 两个输入口。

1. 调节可变电阻器 R_2 之值,观察二阶电路的零输入响应和零状态响应由过阻尼过渡到临界阻尼,最后过渡到欠阻尼的变化过渡过程,分别定性地描绘、记录响应的典型变化波形。

2. 调节 R_2 使示波器荧光屏上呈现稳定的欠阻尼响应波形,定量测定此时电路的衰减常数 α 和振荡频率 ω_d。

3. 改变一组电路参数,如增、减 L 或 C 之值,重复步骤 2 的测量,并作记录。随后仔细观察改变电路参数时,ω_d 与 α 的变化趋势,并作记录。

实验次数	电路参数					
	文件参数				测量值	
	R_1	R_2	L	C	α	ω_d
1	10 kΩ		4.7 mH	1 000 pF		
2	10 kΩ	调至某一欠阻尼态	4.7 mH	0.01 μF		
3	30 kΩ		4.7 mH	0.01 μF		
4	10 kΩ		10 mH	0.01 μF		

五、实验注意事项

1. 调节 R_2 时,要细心、缓慢,临界阻尼要找准。

2. 观察双踪时,显示要稳定,如不同步,则可采用外同步法触发(可参见示波器说明)。

六、预习思考题

1. 根据二阶电路实验线路元件的参数,计算出处于临界阻尼状态的 R_2 之值。

2. 在示波器荧光屏上,如何测得二阶电路零输入响应欠阻尼状态的衰减常数 α 和振荡频率 ω_d?

七、实验报告

1. 根据观测结果,在坐标纸上描绘二阶电路过阻尼、临界阻尼和欠阻尼的响应波形。

2. 测算欠阻尼振荡曲线上的 α 与 ω_d。

3. 归纳、总结电路元件参数的改变,对响应变化趋势的影响。

实验 1.8　R、L、C 元件在正弦电路中的阻抗特性

一、实验目的

1. 验证电阻、感抗、容抗与频率的关系,测定 $R\sim f$、$X_L\sim f$ 与 $X_C\sim f$ 特性曲线。

2. 加深理解 R、L、C 元件电压与电流间的相位关系。

二、实验原理

1. 在正弦交流信号作用下,R、L、C 电路元件在电路中的抗流作用与信号的频率有关,它们的阻抗频率特性 $R\sim f$,$X_L\sim f$ 与 $X_C\sim f$ 曲线如图 1.8.1 所示。

2. 元件阻抗频率特性的测量电路如图 1.8.2 所示。

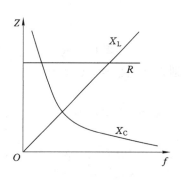

图 1.8.1　特性曲线

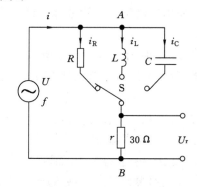

图 1.8.2　元件阻抗频率特性的测量电路

图中的 r 是提供测量回路电流用的标准小电阻,由于 r 的阻值远小于被测元件的阻抗值,因此可以认为 AB 之间的电压就是被测元件 R 或 L 或 C 两端的电压,流过被测元件的电流则可由 r 两端的电压除以 r 所得。

若用双踪示波器同时观察 r 与被测元件两端的电压,可展现被测元件两端的电压和流过该元件电流的波形,从而可在荧光屏上测出电压与电流的幅值及它们之间的相位差。

3. 将元件 R、L、C 串联或并联相接,亦可用同样的方法测得 $Z_串$ 与 $Z_并$ 时的阻抗频率特性 $Z\sim f$,根据电压、电流的相位差可判断 $Z_串$ 与 $Z_并$ 是感性还是容性负载。

4. 元件的阻抗角(即相位差 Φ)随输入信号的频率变化而改变,将各个不同频率下的相位差画在坐标纸上,以频率 f 为横坐标,阻抗角 Φ 为纵坐标,用光滑的曲线连接这些点,即得到阻抗角的频率特性曲线。

用双踪示波器测量阻抗角的方法如图 1.8.3 所示。

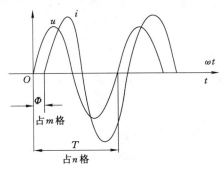

图 1.8.3 阻抗角测量

荧光屏上数得一个周期占 n 格,相位差占 m 格,则实际的相位差 Φ(阻抗角)为

$$\Phi = m \times \frac{360°}{n}$$

三、实验设备

1. 低频信号发生器,1 台;

2. 交流毫伏表,1 个;

3. 双踪示波器,1 台;

4. 实验线路元件,$R = 1\ \text{k}\Omega$,$C = 0.01\ \mu\text{F}$,L 约 1 H,$r = 30\ \Omega$;

5. 频率计,1 台。

四、实验内容

1. 测量 R、L、C 元件的阻抗——频率特性。

通过电缆将低频信号发生器输出的正弦信号接至如图 1.8.2 所示的电路,作为激励源 U,并用交流毫伏表测量,使激励电压为 $U_{P-P} = 5$ V,并保持不变。

使信号源的输出频率从 200 Hz 逐渐增至 2 kHz,并使开关 S 分别接通 R、L、C 三个元件,测量 U_r,并通过计算得到各频率点时的 R、X_L 与 X_C 之值,记入表 1.8.1 中。

表 1.8-1 阻抗特性测定

F	U_r		
	接入 C(1 μF)	接入 L	接入 R(1 kΩ)
200 Hz			
500 Hz			
1 kHz			
1.5 kHz			
2 kHz			

2. 用双踪示波器观察在不同频率下各元件阻抗角的变化情况,并记录。

3. 利用光标测量 R、L、C 元件串联的阻抗角频率特性,记入表 1.8.2 中。

表 1.8.2　阻抗角频率特性

F	n(格)	m(格)	Φ(格)
500 Hz			
1 kHz			
2 kHz			

五、实验注意事项

1. 交流毫伏表属于高阻抗电表,测量前必须先调零。

2. 测 Φ 时,示波器的"t/div"和"v/div"的微调旋钮应旋至"标准"位置。

六、预习思考题

测量 R、L、C 各个元件的阻抗角时,为什么要与它们串联一个小电阻? 可否用一个小电感或大电容代替? 为什么?

七、实验报告

1. 根据实验数据,在坐标纸上绘制 R、L、C 三个元件的阻抗频率特性曲线,从中可得出什么结论?

2. 根据实验数据,在坐标纸上绘制 R、L、C 三个元件的阻抗角频率特性曲线,并总结、归纳结论。

第 2 章　模拟电子技术实验

实验 2.1　晶体管共射极单管放大器

一、实验目的

1. 学会放大器静态工作点的调试方法,分析静态工作点对放大器性能的影响。
2. 掌握放大器电压放大倍数、输入电阻、输出电阻及最大不失真输出电压的测试方法。
3. 熟悉常用电子仪器及模拟电路实验设备的使用。

二、实验仪器与元器件

1. 双踪示波器,1 台;
2. 万用表,1 个;
3. 交流毫伏表,1 个;
4. Dais 系列实验仪,1 台。

三、实验原理

图 2.1.1 为电阻分压式工作点稳定单管放大器实验电路图。它的偏置电路采用 R_{B2} 和 R_{B1} 组成的分压电路,并在发射极中接有电阻 R_E,以稳定放大器的静态工作点。当在放大器的输入端加入输入信号 $\dot{U}_i$ 后,在放大器的输出端便可得到一个与 $\dot{U}_i$ 相位相反、幅值被放大了的输出信号 $\dot{U}_o$,从而实现电压放大。

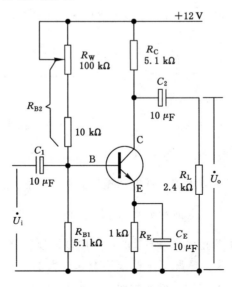

图 2.1.1　单管放大器实验电路

在图 2.1.1 所示电路中,当流过偏置电阻 R_{B1} 和 R_{B2} 的电流远大于晶体管 VT 的基极电

流 I_B 时（一般 5～10 倍），则它的静态工作点可用下式估算，U_{CC} 为供电电源，在此为 +12 V。

$$U_B \approx \frac{R_{B1}}{R_{B1}+R_{B2}}U_{CC} \tag{2.1.1}$$

$$I_E = \frac{U_B - U_{BE}}{R_E} \approx I_C \tag{2.1.2}$$

$$U_{CE} = U_{CC} - I_C(R_C + R_E) \tag{2.1.3}$$

电压放大倍数 $\qquad A_V = -\beta \dfrac{R_C \parallel R_L}{r_{be}} \tag{2.1.4}$

输入电阻 $\qquad R_i = R_{B1} \parallel R_{B2} \parallel r_{be} \tag{2.1.5}$

输出电阻 $\qquad R_o \approx R_C \tag{2.1.6}$

由于电子器件性能的分散性比较大，因此在设计和制作晶体管放大电路时，需要测量和调试技术。在设计前应测量所用元器件的参数，为电路设计提供必要的依据，三极管 β 值的测量方法见实验 2.2 中的晶体管的主要参数及其测试。在完成设计和装配以后，还必须测量和调试放大器的静态工作点和各项性能指标。一个优质的放大器是理论设计与实验调整相结合的产物。

1. 放大器静态工作点的测量与调试

（1）静态工作点的测量

测量放大器的静态工作点，应在输入信号 $U_i = 0$ 的情况下进行，即将放大器输入端与地端短接，然后选用量程合适的数字万用表，分别测量晶体管的集电极电流 I_C 以及各电极对地的电位 U_B、U_C 和 U_E。一般实验中，为了避免断开集电极，采用测量电压，然后算出 I_C 的方法，例如，只要测出 U_E，即可用 $I_C \approx I_E = \dfrac{U_E}{R_E}$ 算出 I_C（也可根据 $I_C = \dfrac{U_{CC}-U_C}{R_C}$，由 U_C 确定 I_C），同时也能算出 $U_{BE} = U_B - U_E$，$U_{CE} = U_C - U_E$。

（2）静态工作点的调试

放大器静态工作点的调试是指对管子集电极电流 I_C（或 U_{CE}）进行调整与测试。

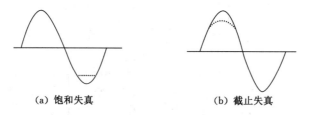

(a) 饱和失真 　　　　　　　　　　(b) 截止失真

图 2.1.2 　静态工作点对 $\dot{U}_o$ 波形失真的影响

静态工作点是否合适，对放大器的性能和输出波形都有很大的影响。如工作点偏高，放大器在加入交流信号以后易产生饱和失真，此时 $\dot{U}_o$ 的负半周将被削低，如图 2.1.2（a）所示，如工作点偏低则易产生截止失真，即 $\dot{U}_o$ 的正半周被缩顶（一般截止失真不如饱和失真明显），如图 2.1.2（b）所示。这些情况都不符合不失真放大的要求。所以在选定工作点以后还必须进行动态调试，即在放大器的输入端加入一定的 U_i，检查输出电压 U_o 的大小和波形是否满足要求。如不满足，则应调节静态工作点的位置。

改变电路参数 U_{CC}，R_C，R_B（R_{B1}，R_{B2}）都会引起静态工作点的变化，如图 2.1.3 所示，但通常多采用调节偏置电阻 R_{B2} 的方法来改变静态工作点,如减小 R_{B2},则可使静态工作点提高等。

最后还要说明的是,上面所说的工作点"偏高"或"偏低"不是绝对的,应该是相对信号的幅度而言,如信号幅度很小,即使工作点较高或较低也不一定会出现失真。产生波形失真是信号幅度与静态工作点设置配合不当所致。如须满足较大信号的要求,静态工作点最好尽量靠近交流负载线的中点。

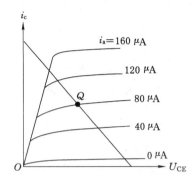

图 2.1.3　电路参数对静态工作点的影响

2. 放大器动态指标测试

放大器动态指标测试包括电压放大倍数、输入电阻、输出电阻、最大不失真输出电压(动态范围)和通频带等。

(1) 电压放大倍数 A_V 的测量

调整放大器到合适的静态工作点,然后加入输入电压 u_i,在输出电压 u_o 不失真的情况下,用交流毫伏表测出 u_i 和 u_o 的有效值 U_i 和 U_o,则

$$A_V = \frac{U_o}{U_i} \tag{2.1.7}$$

(2) 输入电阻 R_i 的测量

为了测量放大器的输入电阻,按图 2.1.4 所示电路在被测放大器的输入端与信号源之间串入一已知电阻 R,在放大器正常工作的情况下,用交流毫伏表测出 U_s 和 U_i,则根据输入电阻的定义可得

$$R_i = \frac{U_i}{I_i} = \frac{U_i}{\dfrac{U_R}{R}} = \frac{U_i}{U_s - U_i} R \tag{2.1.8}$$

测量时应注意:

① 由于电阻 R 两端没有电路公共接地点,所以测量 R 两端电压 U_R 时必须分别测出 U_s 和 U_i,然后按 $U_R = U_s - U_i$ 求出 U_R 值。

② 电阻 R 的值不宜取得过大或过小,以免产生较大的测量误差,通常取 R 与 R_i 为同一数量级为好,本实验可取 $R = 1 \sim 2$ kΩ。

(3) 输出电阻 R_o 的测量

按图 2.1.4 所示电路,在放大器正常工作条件下,测出输出端不接负载 R_L 的输出电压 U_o 和接入负载后输出电压 U_L,根据

$$U_L = \frac{R_L}{R_o + R_L} U_o \tag{2.1.9}$$

即可求出 R_o。

$$R_o = \left(\frac{U_o}{U_L} - 1\right) R_L \qquad (2.1.10)$$

在测试中应注意,必须保持 R_L 接入前后输入信号的大小不变。

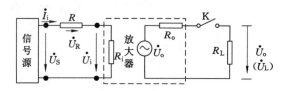

图 2.1.4　输入、输出电阻测量电路

(4) 最大不失真输出电压 U_{OPP} 的测量(最大动态范围)

如上所述,为了得到最大动态范围,应将静态工作点调在交流负载线的中点。为此在放大器正常工作情况下,逐步增大输入信号的幅度,并同时调节 R_w(改变静态工作点),用示波器观察 u_o,当输出波形同时出现削底和缩顶现象(图 2.1.5)时,说明静态工作点已调在交流负载线的中点。然后反复调整输入信号,使波形输出幅度最大,且无明显失真时,用交流毫伏表测出 U_o(有效值),则动态范围等于 $2\sqrt{2}U_o$。或用示波器直接读出 U_{OPP} 来。

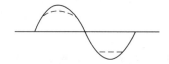

图 2.1.5　静态工作点正常,输入信号太大引起的失真

(5) 放大器频率特性的测量

放大器的频率特性是指放大器的电压放大倍数 A_V 与输入信号频率 f 之间的关系曲线。单管阻容耦合放大电路的幅频特性曲线如图 2.1.6 所示。

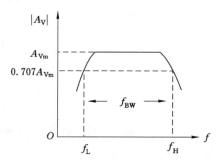

图 2.1.6　幅频特性曲线

A_{Vm} 为中频电压放大倍数,通常规定电压放大倍数随频率变化下降到中频放大倍数的 $1/\sqrt{2}$ 倍,即 $0.707A_{Vm}$ 所对应的频率分别称为下限频率 f_L 和上限频率 f_H,则通频带

$$f_{BW} = f_H - f_L \qquad (2.1.11)$$

放大器的幅频特性就是测量不同频率信号时的电压放大倍数 A_V。为此可采用前述测

A_V 的方法,每改变一个信号频率,测量其相应的电压放大倍数,测量时取点要恰当,在低频段与高频段要多测几点,在中频段可以少测几点。此外,在改变频率时,要保持输入信号的幅度不变,且输出波形不能失真。

四、实验内容

1. 按图 2.1.1 实验原理图连线,检查无误后接通电源。

2. 测量静态工作点。

静态工作点测量条件:输入接地即使 $U_i = 0$。

在步骤 1 连线基础上,C_1 接地(即 $U_i = 0$),打开交流开关,调节 R_w,使 $I_C = 1.0$ mA(即 $U_E = 0.43$ V),用万用表测量 U_B、U_E、U_C、R_{B2} 值。记入表 2.1.1。

表 2.1.1　$I_C = 1.0$ mA

测量值				计算值		
U_B/V	U_E/V	U_C/V	$R_{B2}/k\Omega$	U_{BE}/V	U_{CE}/V	I_C/mA

3. 测量电压放大倍数。

参照前面放大器动态指标测试过程,调节一个频率为 1 kHz、电压峰-峰值为 100 mV 的正弦波由 OUT 输出且作为输入信号 u_i。断开 C_1 接地的线,从 OUT 连接到 C_1,同时用双踪示波器观察放大器输入电压 u_i(C_1 处)和输出电压 u_o(C_2 处)的波形,在 u_o 波形不失真的条件下用毫伏表测量不变实验电路时和改变 R_C、R_L 的 U_o 值(C_2 处),并用双踪示波器观察 u_o 和 u_i 的相位关系,记入表 2.1.2。

表 2.1.2　$I_C = 1.0$ mA　$U_i = 100$ mV(有效值)

$R_C/k\Omega$	$R_L/k\Omega$	U_o/V	A_V	观察记录一组 u_o 和 u_i 波形
5.1	∞			
2.4	∞			
5.1	2.4			

注意:由于 U_o 所测的值为有效值,故峰-峰值 U_i 需要转化为有效值或用毫伏表测得的 U_i 来计算 A_V 值。切记万用表、毫伏表测量的都是有效值,而示波器观察的都是峰-峰值。

4. 观察静态工作点对电压放大倍数的影响。在步骤 3 的 $R_C = 5.1$ kΩ,$R_L = \infty$ 连线条件下,调节一个频率为 1 kHz、峰-峰值为 500 mV 的正弦波由 OUT 输出且作为输入信号 u_i 连到 C_1。调节 R_w,用示波器监视输出电压波形,在 u_o 不失真的条件下,测量数组 I_C 和 U_o 的值,记入表 2.1.3。测量 I_C 时,要使 $U_i = 0$(断开输入信号 OUT,C_1 接地)。

表 2.1.3　$R_C = 5.1$ kΩ　$R_L = \infty$　$U_i = 5.0$ mV(有效值)

I_C/mA			1.0		
U_o/V					
A_V					

5. 观察静态工作点对输出波形失真的影响。

在步骤 3 的 $R_C=5.1\ \text{k}\Omega$，$R_L=2.4\ \text{k}\Omega$ 连线条件下，使 $U_i=0$，调节 R_w 使 $I_C=1.0\ \text{mA}$（参见本实验步骤 2），测出 U_{CE} 值。调节一个频率为 1 kHz、电压峰-峰值为 500 mV 的正弦波由 OUT 输出且作为输入信号 u_i 连到 C_1，再逐步加大输入信号，使输出电压 u_o 足够大但不失真。然后保持输入信号不变，分别增大和减小 R_w，使波形出现失真，绘出 u_o 的波形，并测出失真情况下的 I_C 和 U_{CE} 值，记入表 2.1.4 中。每次测 I_C 和 U_{CE} 值时要使输入信号为零（即使 $U_i=0$）。

表 2.1.4　$R_C=5.1\ \text{k}\Omega$　$R_L=\infty$　$U_i=5.0\ \text{mV}$

I_C/mA	U_{CE}/V	u_o波形	失真情况	管子工作状态
1.0				

6. 测量最大不失真输出电压。

在步骤 3 的 $R_C=5.1\ \text{k}\Omega$，$R_L=2.4\ \text{k}\Omega$ 连线条件下，同时调节输入信号的幅度和电位器 R_w，用示波器和毫伏表测量 U_{OPP} 及 U_o 值，记入表 2.1.5。

表 2.1.5　$R_C=5.1\ \text{k}\Omega$　$R_L=24\ \text{k}\Omega$

I_C/mA	$U_{im}(\text{mV})$有效值	$U_{om}(\text{V})$有效值	$U_{OPP}(\text{V})$峰-峰值

*7. 测量输入电阻和输出电阻。

按图 2.1.4 所示，取 $R=2\ \text{k}\Omega$，置 $R_C=5.1\ \text{k}\Omega$，$R_L=2.4\ \text{k}\Omega$，$I_C=1.0\ \text{mA}$。输入 $f=1\ \text{kHz}$、峰-峰值为 1 V 的正弦信号，在输出电压 u_o 不失真的情况下，用毫伏表测出 U_S、U_i 和 U_L，用公式（2.1.8）算出 R_i。

保持 U_S 不变，断开 R_L，测量输出电压 U_o，参见公式（2.1.10）算出 R_o。

*8. 测量幅频特性曲线。

取 $I_C=1.0\ \text{mA}$，$R_C=5.1\ \text{k}\Omega$，$R_L=2.4\ \text{k}\Omega$。保持上步输入信号 u_i 不变，改变信号源频率 f，逐点测出相应的输出电压 U_o，自作表记录数据。

为了频率 f 取值合适，可先粗测一下，找出中频范围，然后再仔细读数。

注：* 号处为选做内容，以后不再作说明，另外由于 ICL8038 产生最大不失真波形的频率为 300 kΩ 且 uA741 单运放的频率特性在几千赫兹之内比较稳定，这样 f_h 可能达不到所要求大小，只能粗测。另外插线和拔线时要慢插慢拔，做完每个小实验后要关掉电源，把连接线整理好，为下个实验作好准备，以后不再说明。

五、实验总结

1. 列表整理测量结果，并把实测的静态工作点、电压放大倍数、输入电阻、输出电阻之值与理论计算值比较（取一组数据进行比较），分析产生误差原因。

2. 总结 R_C、R_L 及静态工作点对放大器输出波形的影响。

3. 讨论静态工作点变化对放大器输出波形的影响。

4. 分析讨论在调试过程中出现的问题。

实验 2.2　晶体管两级放大器

一、实验目的

1. 掌握两级阻容放大器的静态分析和动态分析方法。

2. 加深理解放大电路各项性能指标。

二、实验仪器与元器件

1. 双踪示波器,1 台;

2. 万用表,1 个;

3. 交流毫伏表,1 个;

4. Dais 系列实验仪,1 台;

5. 电阻电容,若干。

三、实验原理

实验电路图如图 2.2.1 所示。

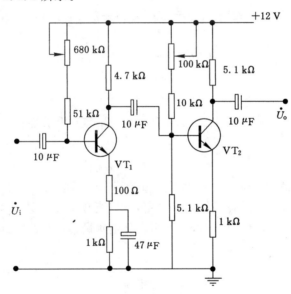

图 2.2.1　晶体管两级阻容放大电路

1. 阻容耦合因有隔直作用,故各级静态工作点互相独立,一级一级地计算即可。

2. 两级放大电路的动态分析。

(1) 中频电压放大倍数的估算

$$A_u = A_{u1} \times A_{u2} \tag{2.2.1}$$

单管基本共射、共集、共基电路电压放大倍数的公式如下:

单管共射
$$A_u = -\frac{\beta R'_L}{r_{be}} \tag{2.2.2}$$

单管共集
$$A_u = \frac{(1+\beta)R'_e}{r_{be}+(1+\beta)R'_e} \qquad (2.2.3)$$

单管共基
$$A_u = \frac{\beta R'_L}{r_{be}} \qquad (2.2.4)$$

要特别注意的是,公式中的 R'_L、R'_e 不仅是本级电路输出端的等效电阻,还应包含下级电路等效至输入端的电阻,即前一级输出端往后总的等效电阻。

(2) 输入电阻的估算

两级放大电路的输入电阻一般来说就是输入级电路的输入电阻,即
$$R_i \approx R_{i1} \qquad (2.2.5)$$

(3) 输出电阻的估算

两级放大电路的输出电阻一般来说就是输出级电路的输出电阻,即
$$R_o \approx R_{o2} \qquad (2.2.6)$$

3. 两级放大电路的频率响应

(1) 幅频特性

已知两级放大电路总的电压放大倍数是各级放大电路放大倍数的乘积,则其对数幅频特性便是各级对数幅频特性之和,即
$$20\lg|\dot{A}_u| = 20\lg|\dot{A}_{u1}| + 20\lg|\dot{A}_{u2}| \qquad (2.2.7)$$

(2) 相频特性

两级放大电路总的相位为各级放大电路相位移之和,即
$$\varphi = \varphi_1 + \varphi_2 \qquad (2.2.8)$$

四、实验内容

1. 在实验箱的晶体管放大电路模块中,按图 2.2.1 所示连接电路,u_i、u_o 悬空,接入 +12 V 电源。

2. 测量静态工作点。

在步骤 1 连线基础上,在 $u_i = 0$ 的情况下(静态工作点的测量方法见实验 2.1 中的步骤 2 所示),打开电源,第一级静态工作点已固定,可以直接测量。调节 100 kΩ 电位器使第二级的 $I_{C2} = 1.0$ mA(即 $U_{E2} = 0.43$ V),用万用表分别测量第一级、第二级的静态工作点,记入表 2.2.1。

表 2.2.1　测量静态工作点

	U_B/V	U_E/V	U_C/V	I_C/mA
第一级				
第二级				

3. 测试两级放大器的各项性能指标。

参照实验 2.1 实验内容步骤 1、2、4,调节一个频率为 1 kHz、峰-峰值为 50 mV 的正弦波由 OUT 输出且作为输入信号 u_i。调节 u_i 同时用示波器观察放大器输出电压 u_o 的波形不失真,用毫伏表测出 U_i、U_o,算出两级放大器的倍数,输出电阻和输入电阻的测量按实验 2.1 方法测得,记入表 2.2.2 中与跟理论值比较。

表 2.2.2　两极放大器的性能指标

	u_i/mV	u_o/V	A_V	$R_i/k\Omega$	$R_o/k\Omega$
理论值					
测量值					

4. 测量频率特性曲线。

保持输入信号 u_i 的幅度不变，改变信号源频率 f，逐点测出相应的输出电压 u_o，用双踪示波器观察 u_o 与 u_i 的相位关系，自作表记录数据。为了频率 f 取值合适，可先粗测一下，找出中频范围，然后再仔细读数。

五、实验报告

画出电路原理图，填写实验数据，并绘观察波形图。

实验 2.3　负反馈放大器

一、实验目的

1. 加深理解两级放大器的性能指标。

2. 理解放大电路中引入负反馈的方法和负反馈对放大器各项性能指标的影响。

二、实验仪器与元器件

1. 双踪示波器，1 台；

2. 万用表，1 个；

3. 交流毫伏表，1 个；

4. 函数信号发生器，1 台；

5. Dais 系列实验仪，1 台。

三、实验原理

1. 图 2.3.1 所示为带有电压串联负反馈的两级阻容耦合放大电路，在电路中通过 R_f 把输出电压 U_o 引回到输入端。

2. 加在晶体管 VT_1 的发射极上，在发射极电阻 R_{F1} 上形成反馈电压 U_f。根据反馈的判断法可知，它属于电压串联负反馈。

（1）闭环电压放大倍数 A_{Vf}

$$A_{Vf} = \frac{A_V}{1 + A_V F_V} \tag{2.3.1}$$

式中　A_V——基本放大器（无反馈）的电压放大倍数，即开环电压放大倍数，$A_V = U_o/U_i$；

　　　$1 + A_V F_V$——反馈深度，它的大小决定了负反馈对放大器性能改善的程度。

（2）反馈系数

$$F_V = \frac{R_{F1}}{R_f + R_{F1}} \tag{2.3.2}$$

（3）输入电阻

$$R_{if} = (1 + A_V F_V)R_i' \tag{2.3.3}$$

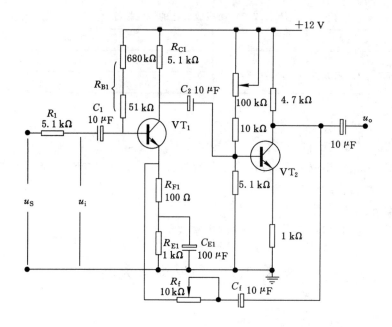

图 2.3.1 带有电压串联负反馈的两级阻容耦合放大电路

式中 R'_i——基本放大器的输入电阻(不包括偏置电阻)。

(4)输出电阻

$$R_{of} = \frac{R_o}{1 + A_{Vo}F_V} \tag{2.3.4}$$

式中 R_o——基本放大器的输出电阻;

A_{Vo}——基本放大器 $R_L = \infty$ 时的电压放大倍数。

3. 本实验还需要测量基本放大器的动态参数,要实现无反馈而得到基本放大器,不能简单地断开支路,而是要去掉反馈作用,但又要把反馈网络的影响(负载效应)考虑到基本放大器中去。为此:

(1)在画基本放大器的输入回路时,因为是电压负反馈,所以可将负反馈放大器的输出端交流短路,即令 $U_o = 0$,此时 R_f 相当于并联在 R_{F1} 上。

(2)在画基本放大器的输出回路时,由于输入端是串联负反馈,因此需将反馈放大器的输入端(VT_1 管的射极)开路,此时($R_f + R_{F1}$)相当于并接在输出端。可近似认为 R_f 并接在输出端。

根据上述规律,就可得到所要求的如图 2.3.2 所示的基本放大器。

四、实验内容

1. 测量静态工作点

按图 2.3.1 连接实验电路(连接方法同实验 2.1 步骤 1 类似,以后不再说明),反馈电阻 R_f 调为 2 kΩ 接入电路,打开电源开关,使 $U_i = 0$(静态工作点的测量条件,输入接地,以后不再说明),第一级静态工作点已固定,可以直接测量。调节 100 kΩ 电位器使第二级的 $I_{C2} = 1.0$ mA(即 $U_{E2} = 0.43$ V),用万用表分别测量第一级、第二级的静态工作点,记入表 2.3.1。

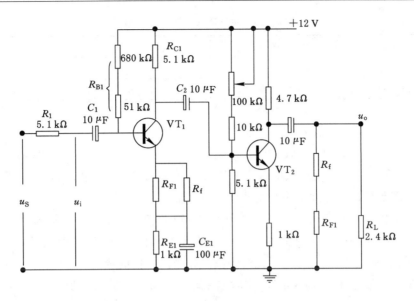

图 2.3.2　基本放大器

表 2.3.1　静态工作点数据

	U_B/V	U_E/V	U_C/V	I_C/mA
第一级				
第二级				

2. 测试基本放大器的各项性能指标

将实验电路按图 2.3.2 改接,把 R_f 断开后分别并在 R_{F1} 和 R_L($R_L=2.4$ kΩ 的输出电阻)上,如图 2.3.2 所示,把上步调好的 10 kΩ 可调反馈电位器(代替输入回路的 R_f)与 R_{F1} 并联,把 10 kΩ 电位器调为 2.1 kΩ(代替输出回路 R_f+R_{F1})与 R_L 并联。

(1) 测量中频电压放大倍数 A_V,输入电阻 R_i 和输出电阻 R_o。

① 以 $f=1$ kHz,u_S 峰-峰值约为 200 mV 正弦信号输入放大器,用示波器监视输出波形 u_o,调节不失真最大 u_o 情况下,用毫伏表测量 U_S、U_i、U_L,记入表 2.3.2。

表 2.3.2　放大器性能指标

	U_S/mV	U_i/mV	U_L/V	U_o/V	A_{Vf}/dB	$R_{if}/kΩ$	$R_{of}/kΩ$
基本放大器							
负反馈放大器							

注:测量值应统一为有效值的方式计算,绝不可将峰-峰值和有效值混算,示波器所测量的为峰-峰值,万用表和毫伏表所测量的数据为有效值。

② 保持 u_S 不变,断开负载电阻 R_L,测量空载时的输出电压 U_o 记入表 2.3.2。

(2) 测量通频带。

接上 R_L,保持(1)中的最大 u_S 不变,然后增加和减小输入信号的频率,找出上、下限频率 f_h 和 f_l,记入表 2.3.3。

表 2.3.3　负反馈放大器的性能指标

	F_{hf}/kHz	F_{lf}/kHz	$\Delta f/kHz$
基本放大器			
负反馈放大器			

3. 测试负反馈放大器的各项性能指标

将实验电路恢复为图 2.3.1 的负反馈放大电路。适当加大 u_S，在输出波形不失真的条件下，测量负反馈放大器的 A_{Vf}、R_{if} 和 R_{of}，记入表 2.3.2；测量 F_{hf} 和 F_{lf}，记入表 2.3.3。

* 4. 观察负反馈对非线性失真的改善

(1) 实验电路为图 2.3.1 的负反馈放大电路，将反馈电阻 R_f 从电路中断开，以 $f=$ 1 kHz，u_S 峰-峰值约为 200 mV 正弦信号输入放大器，输出端接示波器，逐渐增大输入信号的幅度，使输出波形出现失真，记下此时的波形和输出电压的幅度。

(2) 再将反馈电阻 R_f 接入电路，实验电路改接成负反馈放大器形式，比较有负反馈时，输出波形的变化，若有失真，调节 R_f 电位器有何变化。

五、实验总结

1. 将基本放大器和负反馈放大器动态参数的实测值和理论估算值列表进行比较。

2. 根据实验结果，总结电压串联负反馈对放大器性能的影响。

实验 2.4　射极跟随器

一、实验目的

1. 掌握射极跟随器的特性及测试方法。

2. 进一步学习放大器各项参数测试方法。

二、实验仪器与元器件

1. 双踪示波器，1 台；

2. 万用表，1 个；

3. 交流毫伏表，1 个；

4. 函数信号发生器，1 台；

5. Dais 系列实验仪，1 台。

三、实验原理

图 2.4.1 所示为射极跟随器实验电路，输出取自发射极，故称其为射极跟随器，其特点如下。

1. 输入电阻 R_i 高

$$R_i = r_{be} + (1+\beta)R_E \tag{2.4.1}$$

如考虑偏置电阻 R_B 和负载电阻 R_L 的影响，则

$$R_i = R_B /\!/ [r_{be} + (1+\beta)(R_E /\!/ R_L)] \tag{2.4.2}$$

由上式可知射极跟随器的输入电阻 R_i 比共射极单管放大器的输入电阻 $R_i = R_B /\!/ r_{be}$ 要高很多。输入电阻的测试方法同单管放大器，实验线路如图 2.4.1 所示

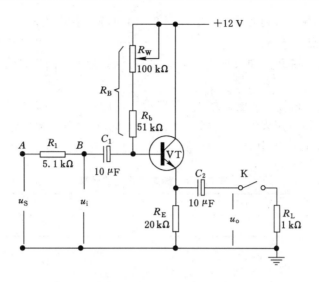

图 2.4.1　射极跟随器实验电路

$$R_{ir} = \frac{U_i}{I_i} = \frac{U_i}{U_S - U_i} R \tag{2.4.3}$$

即只要测得 A、B 两点的对地电位即可。

2. 输出电阻 R_o 低

$$R_o = \frac{r_{be}}{\beta} /\!/ R_E \approx \frac{r_{be}}{\beta} \tag{2.4.4}$$

如考虑信号源内阻 R_S，则

$$R_o = \frac{r_{be} + (R_S /\!/ R_B)}{\beta} /\!/ R_E \approx \frac{r_{be} + (R_S /\!/ R_B)}{\beta} \tag{2.4.5}$$

由上式可知射极跟随器的输出电阻 R_o 比共射极单管放大器的输出电阻 $R_o = R_C$ 低得多。三极管的 β 愈高，输出电阻愈小。

输出电阻 R_o 的测试方法亦同单管放大器，即先测出空载输出电压 U_o，再测接入负载 R_L 后的输出电压 U_L，根据

$$U_L = \frac{U_o}{R_o + R_L} R_L \tag{2.4.6}$$

即可求出 R_o

$$R_o = \left(\frac{U_o}{U_L} - 1 \right) R_L \tag{2.4.7}$$

3. 电压放大倍数近似等于 1

如图 2.4.1 电路所示

$$A_V = \frac{(1 + \beta)(R_E /\!/ R_L)}{r_{be} + (1 + \beta)(R_E /\!/ R_L)} < 1 \tag{2.4.8}$$

上式说明射极跟随器的电压放大倍数小于近于 1 且为正值。这是深度电压负反馈的结果。但它的射极电流仍比基极电流大 $(1 + \beta)$ 倍，所以它具有一定的电流和功率放大作用。

四、实验内容

1. 如图 2.4.1 所示，其中开关 K 断开时相当于负载开路，闭合时相当于连接上负载，此

时 K 先开路,在晶体管系列实验模块中按图 2.4.1 正确连接电路。

2. 静态工作点的调整。

打开交流开关,在 B 点加入频率为 1 kHz、峰-峰值为 1 V 的正弦信号 u_i,输出端用示波器监视。

反复调整 R_w 及信号源的输出幅度,以在示波器的屏幕上得到一个最大不失真输出波形,然后置 $U_i=0$,用万用表测量晶体管各电极对地电位,将测得数据记入表 2.4.1。

在下面整个测试过程中应保持 R_w 值不变(即 I_E 不变,$I_E=U_E/R_E$)。

表 2.4.1　静态工作点的调整

U_E/V	U_B/V	U_C/V	I_E/mA

3. 测量电压放大倍数 A_V。

接入负载 $R_L=1$ kΩ,在 B 点加入频率为 1 kHz、峰-峰值为 1 V 的正弦信号 u_i,调节输入信号幅度,用示波器观察输出波形 u_o,在输出最大不失真情况下,用毫伏表测 U_i、U_L 值。记入表 2.4.2。

表 2.4.2　电压放大倍数的测量

U_i/V	U_L/V	$A_V=U_L/U_i$

4. 测量输出电阻 R_o。

接上负载 $R_L=1$ kΩ,在 B 点加入频率为 1 kHz、峰-峰值为 1 V 的正弦信号 u_i,用示波器监视输出波形,用毫伏表测空载输出电压 U_o,有负载时输出电压 U_L,记入表 2.4.3。

表 2.4.3　输出电阻的测量

U_o/V	U_L/V	$R_o=\left(\dfrac{U_o}{U_L}-1\right)R_L$/kΩ

5. 测量输入电阻 R_i。

在 A 点加入频率为 1 kHz、峰-峰值为 1 V 的正弦信号 u_S,用示波器监视输出波形,用交流毫伏表分别测出 A、B 点对地的电位 U_S、U_i,记入表 2.4.4。

表 2.4.4　输入电阻的测量

U_S/V	U_i/V	$R_i=\dfrac{U_i}{U_S-U_i}R$/kΩ

6. 测试跟随特性。

接入负载 $R_L=1$ kΩ,在 B 点加入频率为 1 kHz、峰-峰值为 1 V 的正弦信号 u_i,并保持不变,逐渐增大信号 u_i 幅度,用示波器监视输出波形直至输出波形达到最大不失真,测量对应的 U_L 值,记入表 2.4.5。

表 2.4.5　跟随特性的测试

U_i/V	
U_L/V	

7. 测试频率响应特性。

接入负载 $R_L = 1 \text{ k}\Omega$,在 B 点加入频率为 1 kHz、峰-峰值为 1 V 的正弦信号 u_i,保持输入信号 u_i 幅度不变,改变信号源频率,用示波器监视输出波形,用毫伏表测量不同频率 f_k 下的输出电压 U_L 值,记入表 2.4.6。

表 2.4.6　频率响应特性的测试

f_k/Hz	
U_L/V	

五、实验总结

1. 画出电路原理图,填写实验数据,并绘观察波形图。

2. 分析射极跟随器的性能和特点。

3. 将实验结果与理论计算比较,分析产生误差的原因。

实验 2.5　差动放大器

一、实验目的

1. 加深对差动放大器性能及特点的理解。

2. 学习差动放大器的主要性能指标的测试方法。

3. 熟悉恒流源的恒流特性。

二、实验仪器与元器件

1. 双踪示波器,1 台;

2. 万用表,1 个;

3. 交流毫伏表,1 个;

4. 函数信号发生器,1 台;

5. Dais 系列实验仪,1 台。

三、实验原理

图 2.5.1 所示电路为具有恒流源的差动放大器,其中晶体管 VT_1、VT_2 称为差分对管,它与电阻 R_{B1}、R_{B2}、R_{C1}、R_{C2} 及电位器 R_W 共同组成差动放大的基本电路。其中 $R_{B1} = R_{B2}$,$R_{C1} = R_{C2}$,R_W 为调零电位器,若电路完全对称,静态时,R_W 应处于中点位置,若电路不对称,应调节 R_W,使 U_o 两端静态时的电位相等。

晶体管 VT_3 与电阻 R_{E3}、R_2 共同组成镜像恒流源电路,为差动放大器提供恒定电流 I_0。

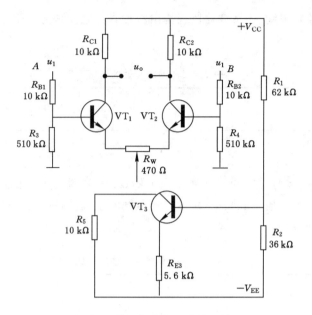

图 2.5.1　恒流源差动放大器

要求 VT_3 为差分管。R_3 和 R_4 为均衡电阻,且 $R_3 = R_4$,给差动放大器提供对称的差模输入信号。由于电路参数完全对称,当外界温度变化或电源电压波动时,对电路的影响是一样的,因此差动放大器能有效抑制零点漂移。

1. 差动放大电路的输入输出方式

如图 2.5.1 所示电路,根据输入信号和输出信号的不同方式可以有四种连接方式。

(1) 双端输入-双端输出。将差模信号加在 U_{1A}、U_{1B} 两端,输出取自 U_o 两端。

(2) 双端输入-单端输出。将差模信号加在 U_{1A}、U_{AB} 两端,输出取自 U_o 到地取信号。

(3) 单端输入-双端输出。将差模信号加在 U_{1A} 上,U_{1B} 接地(或 U_{1A} 接地而信号加在 U_{1B} 上),输出取自 U_o 两端。

(4) 单端输入-单端输出。将差模信号加在 U_{1A} 上,U_{1B} 接地(或 U_{1A} 接地而信号加在 U_{1B} 上),输出取自 U_o 到地取信号。

连接方式不同,电路的性能参数不同。

2. 静态工作点的计算

静态时差动放大器的输入端不加信号,由恒流源电路得

$$I_R = 2I_{B4} + I_{C4} = \frac{2I_{C4}}{\beta} + I_{C4} \approx I_{C4} = I_0 \tag{2.5.1}$$

I_0 为 I_R 的镜像电流。由电路可得

$$I_0 = I_R = \frac{-V_{EE} + 0.7}{R_2} \tag{2.5.2}$$

由上式可见 I_0 主要由 $-V_{EE}(-12\ \mathrm{V})$ 及电阻 R_2 决定,与晶体管的特性参数无关。对差动放大器中的 VT_1、VT_2 参数对称,则

$$I_{C1} = I_{C2} = I_0/2 \tag{2.5.3}$$

$$V_{C1} = V_{C2} = V_{CC} - I_{C1}R_{C1} = V_{CC} - \frac{I_0 R_{C1}}{2} \tag{2.5.4}$$

$$h_{\text{ie}} = 300 \ \Omega + (1 + h_{\text{fe}}) \frac{26 \ \text{mV}}{I_{\text{C1}} \ \text{mA}} = 300 \ \Omega + (1 + h_{\text{fe}}) \frac{26 \ \text{mV}}{I_0 / 2 \ \text{mA}} \tag{2.5.5}$$

由此可见，差动放大器的工作点，主要由镜像恒流源 I_0 决定。

3. 差动放大器的重要指标计算

(1) 差模放大倍数 A_{Vd}

由分析可知，差动放大器在单端输入或双端输入，它们的差模电压增益相同。但是，要根据双端输出和单端输出分别计算。在此分析双端输入，单端输入自己分析。

设差动放大器的两个输入端输入两个大小相等、极性相反的信号 $V_{\text{id}} = V_{\text{id1}} - V_{\text{id2}}$。

双端输入-双端输出时，差动放大器的差模电压增益为

$$A_{\text{Vd}} = \frac{V_{\text{od}}}{V_{\text{id}}} = \frac{V_{\text{od1}} - V_{\text{od2}}}{V_{\text{id1}} - V_{\text{id2}}} = A_{\text{Vi}} = \frac{-h_{\text{fe}} R'_{\text{L}}}{R_{\text{B1}} + h_{\text{ie}} + (1 + h_{\text{fe}}) \dfrac{R_{\text{W1}}}{2}} \tag{2.5.6}$$

式中　$R'_{\text{L}} = R_{\text{C}} / / \dfrac{R_{\text{L}}}{2}$；

　　　A_{Vi}——单管电压增益。

双端输入-单端输出时，电压增益为

$$A_{\text{Vd1}} = \frac{V_{\text{od1}}}{V_{\text{id}}} = \frac{V_{\text{od1}}}{2V_{\text{id1}}} = \frac{1}{2} A_{\text{Vi}} = \frac{-h_{\text{fe}} R'_{\text{L}}}{2 \left[R_{\text{B1}} + h_{\text{ie}} + (1 + h_{\text{fe}}) \dfrac{R_{\text{W1}}}{2} \right]} \tag{2.5.7}$$

式中　$R'_{\text{L}} = R_{\text{C}} / / R_{\text{L}}$。

(2) 共模放大倍数 A_{VC}

设差动放大器的两个输入端同是加上大小相等、极性相同的两相信号，即 $V_{\text{ic}} = V_{\text{i1}} = V_{\text{i2}}$。

单端输出的差模电压增益

$$A_{\text{VC1}} = \frac{V_{\text{oC1}}}{V_{\text{iC}}} = \frac{V_{\text{oC2}}}{V_{\text{iC}}} = A_{\text{VC2}} = \frac{-h_{\text{fe}} R'_{\text{L}}}{R_{\text{B1}} + h_{\text{ie}} + (1 + h_{\text{fe}}) \dfrac{R_{\text{W1}}}{2} + (1 + h_{\text{fe}}) R'_{\text{e}}} \approx \frac{R'_{\text{L}}}{2R'_{\text{e}}} \tag{2.5.8}$$

式中 R'_{e} 为恒流源的交流等效电阻。即

$$R'_{\text{e}} = \frac{1}{h_{\text{oe3}}} \left(1 + \frac{h_{\text{fe3}} R_3}{h_{\text{fe3}} + R_{\text{E3}} + R_{\text{B}}} \right) \tag{2.5.9}$$

$$h_{\text{ie3}} = 300 \ \Omega + (1 + h_{\text{fe}}) \frac{26 \ \text{mV}}{I_{\text{E3}} \ \text{mA}} \tag{2.5.10}$$

由于 $\dfrac{1}{h_{\text{oe3}}}$ 一般为几百千欧，所以 $R'_{\text{e}} \gg R'_{\text{L}}$。

则共模电压增益 $A_{\text{VC}} < 1$，在单端输出时，共模信号得到了抑制。

双端输出时，在电路完全对称情况下，则输出电压 $V_{\text{oC1}} = V_{\text{oC2}}$，共模增益为

$$A_{\text{VC}} = \frac{V_{\text{oC1}} - V_{\text{oC1}}}{V_{\text{iC}}} = 0 \tag{2.5.11}$$

上式说明，双单端输出时，对零点漂移、电源波动等干扰信号有很强的抑制能力。

(3) 共模抑制比 K_{CMR}

差动放大电器性能的优劣常用共模抑制比 K_{CMR}（单位：dB）来衡量，即

$$K_{\text{CMR}} = \left| \frac{A_{\text{Vd}}}{A_{\text{VC}}} \right| \quad \text{或} \quad K_{\text{CMR}} = 20 \lg \left| \frac{A_{\text{d}}}{A_{\text{C}}} \right| \tag{2.5.12}$$

单端输出时，共模抑制比为

$$K_{CMR} = \frac{A_{Vd1}}{A_{VC}} = \frac{h_{fe}R'_e}{R_{B1} + h_{ie} + (1 + h_{fe})\dfrac{R_{W1}}{2}} \qquad (2.5.13)$$

双端输出时，共模抑制比为

$$K_{CMR} = \left| \frac{A_{Vd}}{A_{VC}} \right| = \infty \qquad (2.5.14)$$

四、实验内容

1. 参考本实验所附差动放大模块元件分布图，对照实验原理图图 2.5.1 所示正确连接原理图：$+V_{CC}$ 接 $+12$ V 电源，$-V_{EE}$ 接 -12 V 电源，这样实验电路连接完毕。

2. 调整静态工作点。

不加输入信号，将输入端 U_{1A}、U_{1B} 两点对地短路。再用万用表直流挡分别测量差分对管 VT_1、VT_2 的集电极对地电压 V_{C1}、V_{C2}，如果 $V_{C1} \neq V_{C2}$ 应调整 R_{W1} 使满足 $V_{C1} = V_{C2}$。然后分别测量 V_{C1}、V_{C2}、V_{B1}、V_{B2}、V_{E1}、V_{E2} 的电压，记入自制表中。

3. 测量差模放大倍数 A_{Vd}。

将 U_{1B} 端接地，从 U_{1A} 端输入 $V_{id} = 50$ mV（峰-峰值）、$f = 1$ kHz 的差模信号，用毫伏表分别测出双端输出差模电压 $V_{od}(U_o)$ 和单端输出电压 $V_{od1}(U_o)$、$V_{od2}(U_o)$ 且用示波器观察它们的波形（V_{od} 的波形观察方法：用两个探头，分别测 V_{od1}、V_{od2} 的波形，微调挡相同，按下示波器 Y_2 反相按键，在显示方式中选择叠加方式即可得到所测的差分波形）。并计算出差模双端输出的放大倍数 A_{Vd} 和单端输出的差模放大倍数 A_{Vd1} 或 A_{Vd2}。记入自制的表中。

4. 测量共模放大倍数 A_{VC}。

将输入端 U_{1A}、U_{1B} 两点连接在一起，从 U_{1A} 端输入 250 mV（峰-峰值），$f = 1$ kHz 的共模信号用毫伏表分别测量 VT_1、VT_2 两管集电极对地的共模输出电压 V_{oC1} 和 V_{oC2} 并用示波器观察波形。

5. 双端输出的共模电压为 $V_{oC} = V_{oC1} - V_{oC2}$，并计算出单端输出的共模放大倍数 A_{VC1}（或 A_{VC2}），双端输出的共模放大倍数 A_{VC}。

6. 根据以上测量结果，分别计算双端输出和单端输出共模抑制比。即 K_{CMR}（单）和 K_{CMR}（双）。

7. 观察温漂现象，首先调零，使 $V_{C1} = V_{C2}$（方法同步骤 2），然后用电吹风吹 VT_1、VT_2，观察双端及单端输出电压的变化。

8. 用一固定电阻 $R_E = 10$ kΩ 代替恒流源电路，即将 R_E 接在 $-V_{EE}$ 和 R_{W1} 中间触点插孔之间组成长尾式差动放大电路，重复步骤 3、4、5，并与恒流源电路相比较。

五、实验总结

1. 整理实验数据，列表比较实验结果和理论估算值，分析误差原因。

（1）静态工作点和差模电压放大倍数。

（2）典型差动放大电路单端输出时的 CMRR 实测值与理论值比较。

（3）典型差动放大电路单端输出时 CMRR 的实测值与具有恒流源的差动放大器 CMRR 实测值比较。

2. 比较 U_i、U_{C1}、U_{C2} 之间的相位关系。

3. 根据实验结果，总结电阻 R_E 和恒流源的作用。

实验 2.6　集成运放基本应用——模拟运算电路

一、实验目的

1. 研究由集成运放(即集成运算放大器)组成的比例、加法、减法和积分等基本运算电路的功能。

2. 了解运算放大器在实际应用时应考虑的一些问题。

二、实验仪器与元器件

1. 双踪示波器,1 台;

2. 万用表,1 个;

3. 交流毫伏表,1 个;

4. Dais 系列实验仪,1 台。

三、实验原理

在线性应用方面,可组成比例、加法、减法、积分、微分、对数、指数等模拟运算电路。

1. 反相比例运算电路

反相比例运算电路如图 2.6.1 所示。对于理想运放,该电路的输出电压与输入电压之间的关系为

$$U_o = -\frac{R_F}{R_1} U_i \tag{2.6.1}$$

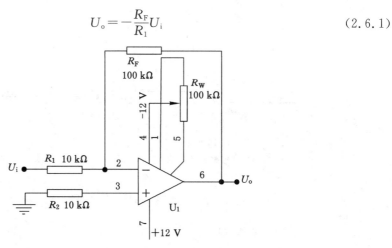

图 2.6.1　反相比例运算电路

为减小输入级偏置电流引起的运算误差,在同相输入端应接入平衡电阻 $R_2 = R_1 /\!/ R_F$。

2. 反相加法运算电路

反相加法运算电路如图 2.6.2 所示,输出电压与输入电压之间的关系为

$$U_o = -\left(\frac{R_F}{R_1} U_{i1} + \frac{R_F}{R_2} U_{i2}\right) \qquad R_3 = R_1 /\!/ R_2 /\!/ R_F \tag{2.6.2}$$

3. 同相比例运算电路

图 2.6.3(a)所示是同相比例运算电路,它的输出电压与输入电压之间的关系为

$$U_o = \left(1 + \frac{R_F}{R_1}\right) U_i \qquad R_2 = R_1 /\!/ R_F \tag{2.6.3}$$

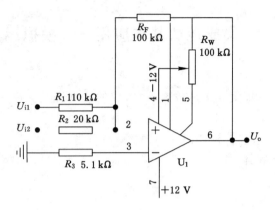

图 2.6.2　反相加法运算电路

当 $R_1 \to \infty$ 时，$U_o = U_i$，即得到如图 2.6.3(b) 所示的电压跟随器。图中 $R_2 = R_F$，用以减小漂移和起保护作用。一般 R_F 取 10 kΩ，R_F 太小起不到保护作用，太大则影响跟随性。

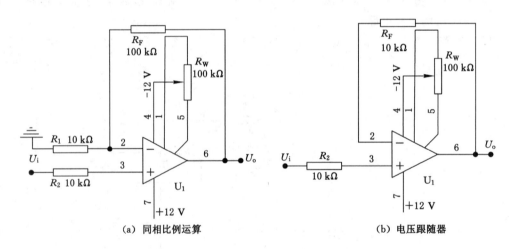

（a）同相比例运算　　　　　　　　　（b）电压跟随器

图 2.6.3　同相比例运算电路

4. 差动放大电路（减法器）

对于图 2.6.4 所示的减法运算电路，当 $R_1 = R_2$，$R_3 = R_F$ 时，有如下关系式

$$U_o = \frac{R_F}{R_1}(U_{i2} - U_{i1}) \tag{2.6.4}$$

5. 积分运算电路

积分运算电路如图 2.6.5 所示。在理想化条件下，输出电压 U_o 等于

$$U_o(t) = -\frac{1}{RC}\int_0^t U_i \mathrm{d}t + U_C(0) \tag{2.6.5}$$

式中　$U_C(0)$ 是 $t = 0$ 时刻电容 C 两端的电压值，即初始值。

如果 $U_i(t)$ 是幅值为 E 的阶跃电压，并设 $U_C(0) = 0$，则

$$U_o(t) = -\frac{1}{RC}\int_0^t E\mathrm{d}t = -\frac{E}{RC}t \tag{2.6.6}$$

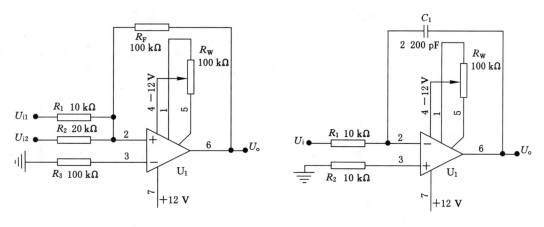

图 2.6.4　减法运算电路　　　　　　　　图 2.6.5　积分运算电路

此时显然 R_C 的数值越大，达到给定的 U_o 值所需的时间就越长，改变 R 或 C 的值积分波形也不同。一般方波变换为三角波，正弦波移相。

6. 微分运算电路

如图 2.6.6 所示，微分运算电路的输出电压正比于输入电压对时间的微分，一般表达式为

$$U_o = -R_C \frac{\mathrm{d}U_i}{\mathrm{d}t} \tag{2.6.7}$$

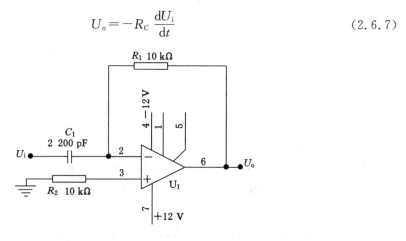

图 2.6.6　微分运算电路

利用微分运算电路可实现对波形的变换，矩形波变换为尖脉冲，正弦波移相，三角波变换为方波。

7. 对数运算电路

对数运算电路的输出电压与输入电压的对数成正比，其一般表达式为

$$U_o = K\ln U_i \tag{2.6.8}$$

利用集成运放和二极管组成如图 2.6.7 所示基本对数运算电路。K 为负系数。

8. 指数运算电路

指数电路的输出电压与输入电压的指数成正比，其一般表达式为

$$U_o = K\mathrm{e}^{U_i} \tag{2.6.9}$$

利用集成运放和二极管组成如图2.6.8所示基本指数电路。K 为负系数。

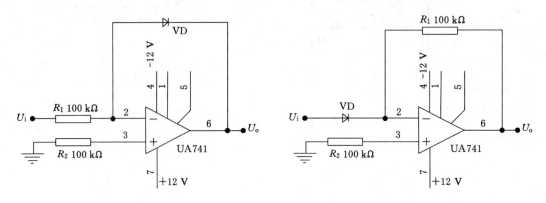

图 2.6.7　基本对数运算电路　　　　　图 2.6.8　指数运算电路

四、实验内容

1. 反相比例运算电路

(1) 先把运放调零然后在此运放处按图2.6.1正确连线。

(2) 输入 $f = 100\ \text{Hz}$，$U_i = 0.5\ \text{V}$(峰-峰值)的正弦交流信号，打开交流开关，用毫伏表测量 U_i、U_o 值(用表测量的都为有效值)，并用示波器观察 U_o 和 U_i 的相位关系，记入表2.6.1。

表 2.6.1　$U_i = 0.5\ \text{V}$(峰-峰值)，$f = 100\ \text{Hz}$

U_i/V	U_o/V	U_i波形	U_o波形	A_V	
				实测值	计算值

2. 同相比例运算电路

(1) 按图2.6.3(a)连接实验电路。实验步骤同上，将结果记入表2.6.2。

(2) 将图2.6.3(a)改为图2.6.3(b)所示电路重复内容(1)。

表 2.6.2　$U_i = 2\ \text{V}$，$f = 100\ \text{Hz}$

U_i/V	U_o/V	U_i波形	U_o波形	A_V	
				实测值	计算值

3. 反相加法运算电路

(1) 先把运放调零，然后在此运放处按图2.6.2正确连接实验电路。

(2) 输入信号采用直流信号源(参照附录中插孔图和采用连接方法1)，图2.6.9所示电路为简易直流信号源 U_{i1}、U_{i2}。

(3) 用万用表测量输入电压 U_{i1}、U_{i2}(要求均大于零，小于0.5 V)及输出电压 U_o，记入表2.6.3。

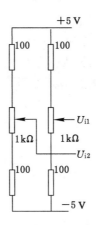

图 2.6.9　简易可调直流信号源

表 2.6.3　反相加法运算电路

U_{i1}/V					
U_{i2}/V					
U_o/V					

4. 减法运算电路

(1) 先把运放调零,然后在此运放处按图 2.6.4 正确连接实验电路。

(2) 采用直流输入信号,实验步骤同内容 3,记入表 2.6.4。

表 2.6.4　减法运算电路

U_{i1}/V					
U_{i2}/V					
U_o/V					

5. 积分运算电路

(1) 先把运放调零,然后在此运放处按积分电路如图 2.6.5 所示正确连接。

(2) 取频率约为 5 kHz,峰-峰值为 20 V 的方波作为输入信号 U_i,打开电源开关,输出端接示波器,可观察到三角波波形输出,若有很大的削底失真则增加 U_i 峰-峰值;若有很大的顶端失真则减小 U_i 峰-峰值,调节一失真很小的三角波波形并记录。

6. 微分运算电路

(1) 先把运放调零,然后此运放处微分电路如图 2.6.6 所示正确连接。

(2) 取频率约为 5 kHz,峰-峰值为 20 V 的三角波作为输入信号 U_i,打开电源开关,输出端接示波器,可观察到方波波形。

7. 对数运算电路

先把运放调零,实验电路如图 2.6.7 所示正确连接,VD 为普通二极管,取频率为 400～1 000 Hz,峰-峰值为 500 mV 的三角波作为输入信号 U_i,打开电源开关,输入和输出端接双踪示波器,调节三角波的幅度,观察输入和输出波形如图 2.6.10 所示。

8. 指数运算电路

先把运放调零,实验电路如图 2.6.8 所示正确连接,VD 为普通二极管,取频率为 600～
1 000 Hz,峰-峰值为 1 V 的三角波作为输入信号 U_i,打开电源开关,输入和输出端接双踪示
波器,调节三角波的幅度,观察输入和输出波形如图 2.6.11 所示。

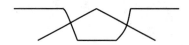 

图 2.6.10 对数运算电路输入和输出波形   图 2.6.11 指数运算电路输入和输出波形

五、实验总结

1. 整理实验数据,画出波形图(注意波形间的相位关系)。

2. 将理论计算结果和实测数据相比较,分析产生误差的原因。

3. 分析讨论实验中出现的现象和问题。

实验 2.7 集成运放基本应用——波形发生器

一、实验目的

1. 学习用集成运放构成正弦波、方波和三角波发生器。

2. 学习波形发生器的调整和主要性能指标的测试方法。

二、实验仪器及元器件

1. 双踪示波器,1 台;

2. 频率计,1 台;

3. 交流毫伏表,1 个;

4. Dais 系列实验仪,1 台。

三、实验原理

1. RC 桥式正弦波振荡器(文氏电桥振荡器)

图 2.7.1 中 RC 串、并联电路构成正反馈支路同时兼作选频网络,R_1、R_2、R_W 及二极管
等元件构成负反馈和稳幅环节。调节电位器 R_W,可以改变负反馈深度,以满足振荡的振幅
条件和改善波形。利用两个反向并联二极管 VD_1、VD_2 正向电阻的非线性特性来实现稳
幅。VD_1、VD_2 采用硅管(温度稳定性好),且要求特性匹配,才能保证输出波形正、负半周对
称。R_3 的接入是为了削弱二极管非线性影响,以改善波形失真。

电路的振荡频率 $$f_0 = \frac{1}{2\pi RC}$$ (2.7.1)

起振的幅值条件 $$\frac{R_F}{R_1} > 2$$ (2.7.2)

式中 $R_F = R_W + R_2 + (R_3 \mathbin{/\mkern-5mu/} r_D)$;

r_D——二极管正向导通电阻。

调整 R_W,使电路起振,且波形失真最小。如不能起振,则说明负反馈太强,应适当加大
R_F。如波形失真严重,则应适当减小 R_F。

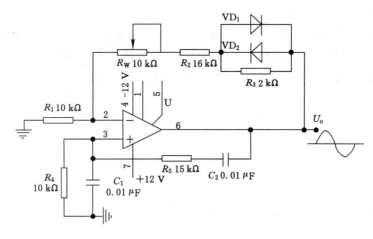

图 2.7.1　RC 桥式正弦波振荡器

改变选频网络的参数 C 或 R，即可调节振荡频率。一般采用改变电容 C 作频率量程切换，而调节 R 作量程内的频率细调。

2. 方波发生器

由集成运放构成的方波发生器和三角波发生器，一般包括比较器和 RC 积分器两大部分。图 2.7.2 所示为由迟回比较器及简单 RC 积分电路组成的方波-三角波发生器。

R_w 从中点触头分为 R_{w1} 和 R_{w2}，$R'_1 = R_1 + R_{w1}$，$R'_2 = R_2 + R_{w2}$，$R_{w'}$ 从中点触头分为 $R_{w'_1}$ 和 $R_{w'_2}$，充电时间 T_1 为

$$T_1 \approx (R_f + R_{w'_2})C_f \tag{2.7.3}$$

放电时间 T_2 为
$$T_2 \approx (R_f + R_{w'_1})C_f \tag{2.7.4}$$

波形的占空比 D 为
$$D = T_1/(T_1 + T_2) \tag{2.7.5}$$

调节电位器 R_w（即改变 R_2/R_1），可以改变振荡频率，但三角波的幅值也随之变化。如要互不影响，则可通过改变 R_f（或 C_f）来实现振荡频率的调节；调节 $R_{w'}$ 可调节占空比。

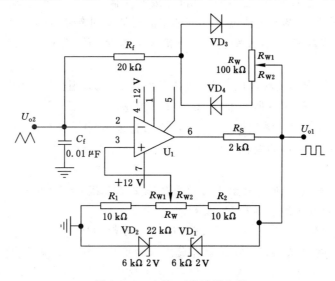

图 2.7.2　方波-三角波发生器

3. 三角波和方波发生器

如把滞回比较器和积分器首尾相接形成正反馈闭环系统,如图 2.7.3 所示,则比较器输出的方波经积分器积分可到三角波,三角波又触发比较器自动翻转形成方波,这样即可构成三角波、方波发生器。由于采用运放组成的积分电路,因此可实现恒流充电,使三角波线性大大改善。

充电时间 T_1 为
$$T_1 = \frac{2R_1R_4C}{R_2} \tag{2.7.6}$$

放电时间 T_2 为
$$T_2 = \frac{2R_1R_5C}{R_2} \tag{2.7.7}$$

波形的占空比 D 为　　　$D = T_1/(T_1 + T_2) = 1/(1 + R_5/R_4)$ $\tag{2.7.8}$

调节 R_w 可以改变振荡频率,改变比值 R_1/R_2 可调节三角波的幅值,调节 R_5 可以改变占空比。

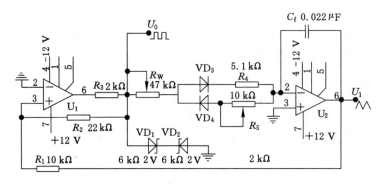

图 2.7.3　三角波、方波发生器

四、实验内容

1. RC 桥式正弦波振荡器

(1) 按图 2.7.1 连接实验电路,输出端 U_0 接示波器。

(2) 打开电源开关,调节电位器 R_w,使输出波形从无到有,从正弦波到出现失真。描绘 U_0 的波形,记下临界起振、正弦波输出及失真情况下的 R_w 值,分析负反馈强弱对起振条件及输出波形的影响。

(3) 调节电位器 R_w,使输出电压 U_0 幅值最大且不失真,用交流毫伏表分别测量输出电压 U_0、反馈电压 U＋(运放③脚电压)和 U－(运放②脚电压),分析研究振荡的幅值条件。

(4) 用示波器或频率计测量振荡频率 f_0,然后在选频网络的两个电阻 R 上并联同一阻值电阻,观察记录振荡频率的变化情况,并与理论值进行比较。

2. 方波发生器

(1) 将 47 kΩ 电位器(R_w)调至中心位置按图 2.7.2 接入实验电路,正确连接电路后,打开电源开关,用双踪示波器观察 U_{01} 及 U_{02} 的波形。

(2) 若 U_{01} 波形的占空比不为 50%,则调节 R_w 使占空比为 50%,并描绘方波 U_{01} 及三角波 U_{02} 的波形,用毫伏表测量其幅值和用频率计测量其频率并记录数据。

(3) 改变 R_w 动点的位置,观察 U_{01}、U_{02} 幅值及频率变化情况。把动点调至最上端和最下端,用频率计测出频率范围并记录数据。

3. 三角波和方波发生器

(1) 按图 2.7.3 连接实验电路,打开电源开关,调节 R_W 起振,用双踪示波器观察 U_0 和 U_1 的波形。

(2) 若 U_0 波形的占空比不为 50%,则调节 R_W 使占空比为 50%,并描绘方波 U_{01} 及三角波 U_{02} 的波形,用毫伏表测量其幅值和用频率计测量其频率并记录数据。

(3) 改变 R_W 的位置,观察对 U_0、U_1 幅值及频率的影响。

(4) 改变 R_1(或 R_2),观察对 U_0、U_1 幅值及频率的影响。

五、实验总结

1. 正弦波发生器

(1) 列表整理实验数据,画出波形,把实测频率与理论值进行比较。

(2) 根据实验分析 RC 振荡器的振幅条件。

(3) 讨论二极管 VD_1、VD_2 的稳幅作用。

2. 方波发生器

(1) 列表整理实验数据,在同一坐标纸上,按比例画出方波和三角波的波形图(标出时间和电压幅值)。

(2) 分析 R_W 变化时,对 U_0 波形的幅值及频率的影响。

(3) 讨论 D_Z 的限幅作用。

3. 三角波和方波发生器

(1) 整理实验数据,把实测频率与理论值进行比较。

(2) 在同一坐标纸上按比例画出三角波及方波的波形,并标明时间和电压幅值。

(3) 分析电路参数变化(R_1,R_2 和 R_W)对输出波形频率及幅值的影响。

实验 2.8　集成运放基本应用——有源滤波器

一、实验目的

1. 熟悉用运放、电阻和电容组成有源低通滤波、高通滤波和带通、带阻滤波器及其特性。

2. 学会测量有源滤波器的幅频特性。

二、实验仪器与元器件

1. 双踪示波器,1 台;

2. 频率计,1 台;

3. 交流毫伏表,1 个;

4. 函数信号发生器,1 台;

5. Dais 系列实验仪,1 台。

三、实验原理

1. 低通滤波器

低通滤波器是指低频信号能通过而高频信号不能通过的滤波器,用一级 RC 网络组成的称为一阶 RC 有源低通滤波器,如图 2.8.1 所示。

为了改善滤波效果,在图 2.8.1(a)的基础上再加一级 RC 网络,且为了克服在截止频率

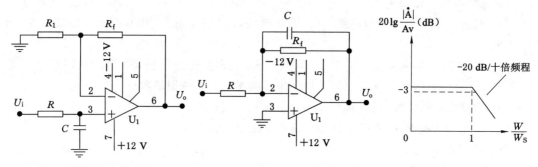

（a）RC网络接在同相输入端　　　　（b）RC网络接在反相输入端　　　　（c）一阶RC低通滤波器的幅频特性

图 2.8.1　基本的有源低通滤波器

附近的通频带范围内幅度下降过多的缺点，通常采用将第一级电容 C 的接地端改接到输出端的方式，如图 2.8.2 所示，即为一个典型的二阶有源低通滤波器。

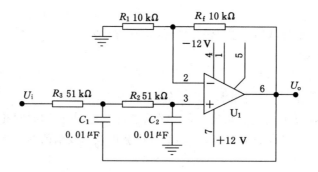

图 2.8.2　二阶低通滤波器

这种有源滤波器的幅频率特性为

$$A^{\&}=\frac{U_o^{\&}}{U_i^{\&}}=\frac{A_\mu}{1+(3-A_\mu)SCR+(SCR)^2}=\frac{A_\mu}{1-\left(\frac{\omega}{\omega_0}\right)^2+j\frac{1}{Q}\frac{\omega}{\omega}} \tag{2.8.1}$$

式中　A_μ——二阶低通滤波器的通带增益，$A_\mu=1+\frac{R_f}{R_1}$；

ω_0——截止频率，它是二阶低通滤波器通带与阻带的界限频率，$\omega_0=\frac{1}{RC}$。

Q——品质因数，它的大小影响低通滤波器在截止频率处幅频特性的形状，

$Q=\frac{1}{3-A_\mu}$。

注：式中 S 代表 $j\omega$。

2．高通滤波器

只要将低通滤波电路中起滤波作用的电阻、电容互换，即可变成有源高通滤波器，如图 2.8.3 所示。其频率响应和低通滤波器是"镜像"关系。

这种高通滤波器的幅频特性为

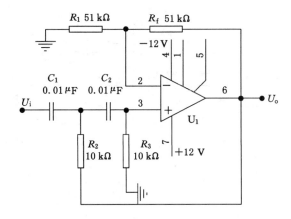

图 2.8.3　高通滤波器

$$A^{\&}=\frac{U_{o}^{\&}}{U_{i}^{\&}}=\frac{(SCR)^{2}A_{\mu}}{1+(3-A_{\mu})SCR+(SCR)^{2}}=\frac{\left(\frac{\omega}{\omega_{0}}\right)^{2}A_{\mu}}{1-\left(\frac{\omega}{\omega_{0}}\right)^{2}+\mathrm{j}\frac{1}{Q}\frac{\omega}{\omega_{0}}} \tag{2.8.2}$$

式中，A_{μ}，ω_{0}，Q 的意义与前同。

3. 带通滤波器

带通滤波器电路的作用是只允许在某一个通频带范围内的信号通过，而比通频带下限频率低和比上限频率高的信号都被阻断。典型的带通滤波器可以从二阶低通滤波电路中将其中一级改成高通而成。如图 2.8.4 所示，它的输入输出关系为：

$$A^{\&}=\frac{U_{o}^{\&}}{U_{i}^{\&}}=\frac{\left(1+\frac{R_{f}}{R_{1}}\right)\left(\frac{1}{\omega_{0}RC}\right)\left(\frac{S}{\omega_{0}}\right)}{1+\frac{B}{\omega_{0}}\frac{S}{\omega_{0}}+\left(\frac{S}{\omega_{0}}\right)^{2}} \tag{2.8.3}$$

中心角频率　　　　　　　$$\omega_{0}=\sqrt{\frac{1}{R_{2}C^{2}}\left(\frac{1}{R}+\frac{1}{R_{3}}\right)} \tag{2.8.4}$$

频带宽　　　　　　　　　$$B=\frac{1}{C}\left(\frac{1}{R}+\frac{2}{R_{2}}-\frac{R_{f}}{R_{1}R_{3}}\right) \tag{2.8.5}$$

选择性　　　　　　　　　$$Q=\frac{\omega_{0}}{B} \tag{2.8.6}$$

这种电路的优点是改变 R_{f} 和 R_{1} 的比例就可改变频带宽而不影响中心频率，式中 R 为 R_{4}。

4. 带阻滤波器

如图 2.8.5 所示，这种电路的性能和带通滤波器相反，即在规定的频带内，信号不能通过（或受到很大衰减），而在其余频率范围，信号则能顺利通过。常用于抗干扰设备中。

这种电路的输入、输出关系为

$$A^{\&}=\frac{U_{o}^{\&}}{U_{i}^{\&}}=\frac{\left[1+\left(\frac{S}{\omega_{0}}\right)^{2}\right]A_{\mu}}{1+2(2-A_{\mu})\frac{S}{\omega_{0}}+\left(\frac{S}{\omega_{0}}\right)^{2}} \tag{2.8.7}$$

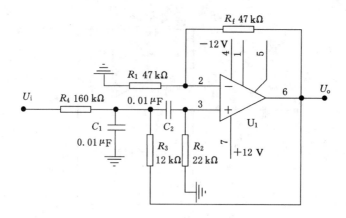

图 2.8.4　典型二阶带通滤波器

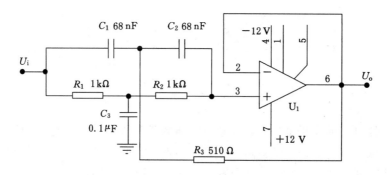

图 2.8.5　二阶带阻滤波器

式中，$A_\mu = \dfrac{R_f}{R_1}$，$\omega_0 = \dfrac{1}{RC}$，由式中可见，A_μ 愈接近 2，$|\dot{A}|$ 愈大，起到阻断范围变窄的作用。

四、实验内容

1. 二阶低通滤波器

实验电路如图 2.8.2 所示，正确连接电路图，打开电源开关，取 $U_i = 1$ V（峰-峰值）的正弦波，改变其频率（接近理论上的截止频率 338 Hz 附近改变），并维持 $U_i = 1$ V（峰-峰值）不变，用示波器监视输出波形，用频率计测量输入频率，用毫伏表测量输出电压 U_o，记入表 2.8.1。

表 2.8.1　二阶低通滤波器

f/Hz	
U_o/V	

输入方波，调节频率（在接近理论上的截止频率 338 Hz 附近调节），取 $U_i = 1$ V（峰-峰值），观察输出波形，越接近截止频率得到的正弦波波形越好，频率远小于截止频率时波形几乎不变仍为方波。有兴趣的同学也可在滤波器的输入端采用方波信号，因为方波频谱分量丰富，可以用示波器更好地观察滤波器的效果。

2. 二阶高通滤波器

实验电路如图 2.8.3 所示，正确连接电路图，打开电源开关，取 $U_i = 1$ V（峰-峰值）的正弦波,改变其频率(在接近理论上的高通截止频率 1.6 kHz 附近改变),并维持 $U_i=1$ V(峰-峰值)不变,用示波器监视输出波形,用频率计测量输入频率,用毫伏表测量输出电压 U_o,记入表2.8.2。

表 2.8.2　二阶高通滤波器

f/Hz	
U_o/V	

3. 带通滤波器

实验电路如图 2.8.4 所示,正确连接电路图,打开电源开关,取 $U_i=1$ V(峰-峰值)的正弦波,改变其频率(在接近中心频率 1 023 Hz 附近改变),并维持 $U_i=1$ V(峰-峰值)不变,用示波器监视输出波形,用频率计测量输入频率,用毫伏表测量输出电压 U_o,自拟表格记录数据。理论值中心频率为 1 023 Hz,上限频率为 1 074 Hz,下限频率为 974 Hz。

(1)实测电路的中心频率 f_0。

(2)以实测中心频率为中心,测出电路的幅频特性。

4. 带阻滤波器

实验电路选定为如图 2.8.5 所示的双 T 型 RC 网络,打开电源开关,取 $U_i=1$ V(峰-峰值)的正弦波,改变其频率(在接近中心频率 2.34 kHz 附近改变),并维持 $U_i=1$ V(峰-峰值)不变,用示波器监视输出波形,用频率计测量输入频率,用毫伏表测量输出电压 U_o,自拟表格记录数据。理论值中心频率为 2.34 kHz。

(1)实测电路的中心频率。

(2)测出电路的幅频特性。

五、实验总结

1. 整理实验数据,画出各电路实测的幅频特性。

2. 根据实验曲线,计算截止频率、中心频率和带宽及品质因数。

3. 总结有源滤波电路的特性。

实验 2.9　集成运放基本应用——电压比较器

一、实验目的

1. 掌握比较器的电路构成及特点。

2. 学会测试比较器的方法。

二、实验仪器与元器件

1. 双踪示波器,1 台;

2. 万用表,1 个;

3. 函数信号发生器,1 台;

4. Dais 实验仪,1 台。

三、实验原理

1. 图 2.9.1 所示为一最简单的电压比较器,U_R 为参考电压,输入电压 U_i 加在反相输入端。图 2.9.1(b)为图 2.9.1(a)所示比较器的传输特性。

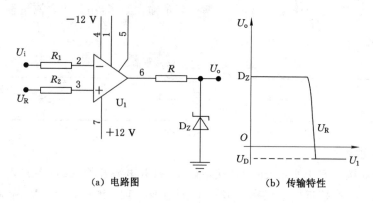

（a）电路图　　　　　　　（b）传输特性

图 2.9.1　电压比较器

当 $U_i < U_R$ 时，运放输出高电平，稳压管 D_Z 反向稳压工作。输出端电位为稳压管的稳定电压 U_Z，即：$U_o = U_Z$。

当 $U_i > U_R$ 时，运放输出低电平，D_Z 正向导通，输出电压等于稳压管的正向压降 U_D，即 $U_o = -U_D$。

因此，以 U_R 为界，当输入电压 U_i 变化时，输出端反映出两种电平状态，分别为高电平和低电平。

2. 常用的幅度比较器有过零比较器、具有滞回特性的过零比较器（又称 Schmitt 触发器）、双限比较器（又称窗口比较器）等。

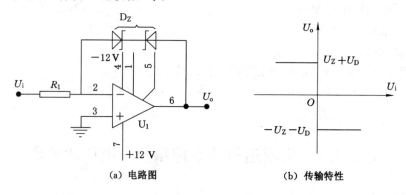

（a）电路图　　　　　　　（b）传输特性

图 2.9.2　过零比较器

图 2.9.3 所示为具有滞回特性的过零比较器。

过零比较器在实际工作时，如果 U_i 恰好在过零值附近，则由于零点漂移的存在，U_o 将不断由一个极限值转换到另一个极限值，这在控制系统中，对执行机构将是很不利的。为此，就需要输出特性具有滞回现象，如图 2.9.3 所示。

从输出端引一个电阻分压支路到同相输入端，若 U_o 改变状态，U_Σ 点也随着改变电位，使过零点离开原来位置。当 U_o 为正（记作 U_D）$U_\Sigma = \dfrac{R_2}{R_f + R_2} U_D$，则当 $U_D > U_\Sigma$ 后，U_o 即由正变负（记作 $-U_D$），此时 U_Σ 变为 $-U_\Sigma$。故只有当 U_i 下降到 $-U_\Sigma$ 以下，才能使 U_o 再度回升

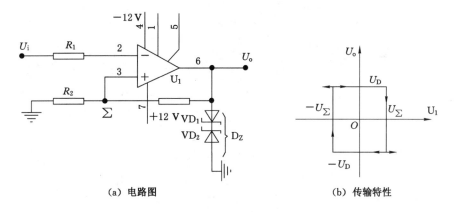

(a) 电路图　　　　　　　　(b) 传输特性

图 2.9.3　具有滞回特性的过零比较器

到 U_D，于是出现图 2.9.3(b) 中所示的滞回特性。$-U_\Sigma$ 与 U_Σ 的差别称为回差。改变 R_2 的数值可以改变回差的大小。

窗口(双限)比较器。简单的比较器仅能鉴别输入电压 U_i 比参考电压 U_R 高或低的情况，窗口比较电路是由两个简单比较器组成，如图 2.9.4 所示，它能指示出 U_i 值是否处于 U_R^+ 和 U_R^- 之间。

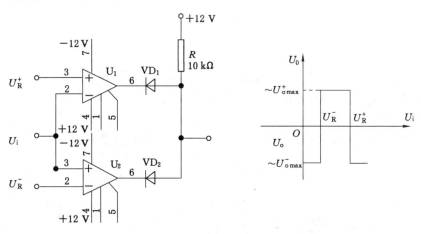

图 2.9.4　两个简单比较器组成的窗口比较器

四、实验内容

1. 过零电压比较器

(1) 如图 2.9.5 所示在运放系列模块中正确连接电路，打开电源开关，用万用表测量 U_i 悬空时的 U_o 电压。

(2) 从 U_i 输入 500 Hz、峰-峰值为 2 V 的正弦信号，用双踪示波器观察 U_i-U_o 波形。

(3) 改变 U_i 幅值，测量传输特性曲线。

2. 反相滞回比较器

(1) 如图 2.9.6 所示正确连接电路，打开电源开关，调好一个 $-4.2 \sim +4.2$ V 可调直流信号源作为 U_i，用万用表测出 U_o 由 $+4.2$ V $\rightarrow$ -4.2 V 时 U_i 的临界值。

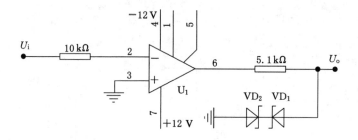

图 2.9.5　过零比较器

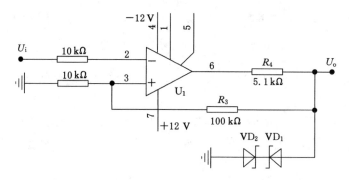

图 2.9.6　反相滞回比较器

（2）同上，测出 U_o 由 $-4.2\,V \rightarrow +4.2\,V$ 时 U_i 的临界值。

（3）把 U_i 改为接 500 Hz，峰-峰值为 2 V 的正弦信号，用双踪示波器观察 U_i-U_o 波形。

（4）将分压支路 100 kΩ 电阻改为 200 kΩ，重复上述实验，测定传输特性。

3. 同相滞回比较器

（1）如图 2.9.7 所示正确连接电路，参照步骤 2，自拟实验步骤及方法。

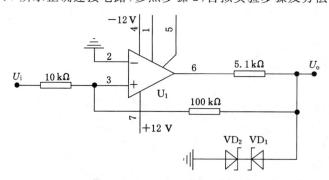

图 2.9.7　同相滞回比较器

（2）将结果与步骤 2 相比较。

4. 窗口比较器

参照图 2.9.4 自拟实验步骤和方法测定其传输特性。

五、实验总结

1. 整理实验数据，绘制各类比较器的传输特性。

2. 总结几种比较器的特点,阐明它们的应用。

实验 2.10　OTL/OCL 功率放大器

一、实验目的

1. 进一步理解 OTL(Output Transformer Less)功率放大器的工作原理。

2. 学会 OTL 电路和调试及主要性能指标的测试方法。

3. 熟悉 OCL(Output Capacitor Less)电路。

二、实验仪器与元器件

1. 双踪示波器,1 台;

2. 万用表,1 个;

3. 毫伏表,1 个;

4. 函数信号发生器,1 台;

5. Dais 系列实验仪,1 台。

三、实验原理

图 2.10.1 所示为 OTL 低频功率放大器实验电路。其中由晶体三极管 VT_1 组成推动级(也称前置放大级),VT_2、VT_3 是一对参数对称的 NPN 和 PNP 型晶体三极管,它们组成互补推挽 OTL 功放电路。由于每一个管子都接成射极输出器形式,因此具有输出电阻低、负载能力强等优点,适合于作功率输出级。VT_1 管工作于甲类状态,它的集电极电流 I_{C1} 由电位器进行调节。同时给 VT_2、VT_3 提供偏压。调节 R_W,可以使 VT_2、VT_3 得到合适的静态电流而工作于甲、乙类状态,以克服交越失真。静态时要求输出端中点 OUT(A) 点的电位 $U_A = \frac{1}{2} U_{CC}$,可以通过调节 R_W 来实现,又由于 R_W 的一端接在 OUT(A)点,因此在电路中引入交、直流电压并联负反馈,一方面能够稳定放大器的静态工作点,同时也改善了非线性失真。

当输入正弦交流信号 u_i 时,经 VT_1 放大、倒相后同时作用于 VT_2、VT_3 的基极,u_i 的负半周使 VT_2 管导通(VT_3 管截止),有电流通过负载 R_L(用嗽叭作为负载 R_L),同时向电容 C_0 充电,在 u_i 的正半周,VT_3 导通(VT_2 截止),则已充好电的电容器 C_0 起着电源的作用,通过负载 R_L 放电,这样在 R_L 上就得到完整的正弦波。

C_2 和 R 构成自举电路,用于提高输出电压正半周的幅度,以得到大的动态范围。

OTL 电路的主要性能指标如下。

1. 最大不失真输出功率 P_{om}

理想情况下 $P_{om} = \frac{1}{8} \frac{U_{CC}^2}{R_L}$,在实验中可通过测量 R_L 两端的电压有效值,来求得实际值

$$P_{om} = \frac{U_{CC}^2}{R_L} \tag{2.10.1}$$

2. 效率 η

$$\eta = \frac{P_{om}}{P_E} \cdot 100\% \tag{2.10.2}$$

式中　P_E——直流电源供给的平均功率。

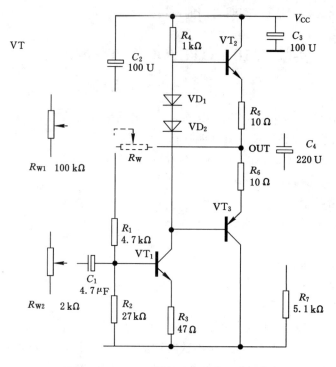

图 2.10.1　OTL 低频功率放大器实验电路

理想情况下 $\eta_{max}=78.5\%$。在实验中,可测量电源供给的平均电流 I_{dc}(多测几次 I 取其平均值),从而求得表达式

$$P_E=U_{CC}\cdot I_{dc} \qquad (2.10.3)$$

负载上的交流功率已用上述方法求出,因而也就可以计算出实际效率。

3. 频率响应

详见实验 2.3 有关部分内容。

4. 输入灵敏度

输入灵敏度是指输出最大不失真功率时,输入信号 u_i 之值。

＊设计 OCL 电路参考

为了保证频率较低的信号在电容两端不产生太大的交流压降,OTL 一般需采用大容量的电解电容 $C_4=220\ \mu F$,但是电解电容在高频时又有电感效应,使信号产生移相,影响频率特性。另外,大电容不易实现集成化。为了改善电路的频率特性,彻底实现直接耦合,目前广泛采用不用输出电容的 OCL 电路。由于省去了输出电容 C_4,所以需采用正、负双电源供电。OCL 电路要求静态时输出端为地电位。否则,如果静态工作点失调或元器件损坏,会有较大的电流流向负载,可能造成损坏。因此,一方面要求 VT_2、VT_3 的参数和正负电流电压必须对称,另一方面在负载回路通常接入熔断器作为保护措施。参考电路如图 2.10.2 所示。

四、实验内容

1. 静态工作点的测试。

按图 2.10.1 连接实验电路。

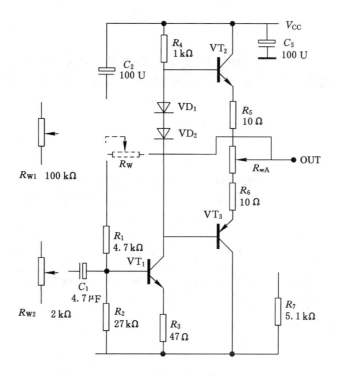

图 2.10.2　OCL 功率放大器参考实验电路

(1) 调节输出端中点电位 U_A

连接完电路后,使 U_i 接地,打开电源开关,调节电位器 R_W,用万用表测量 OUT(A) 点电位,使 $U_A=\dfrac{1}{2}U_{CC}$。

(2) 调整输出级静态电流及测试各级静态工作点

从减小交越失真角度来说,应适当加大输出级静态电流,但该电流过大,会使效率降低,所以一般以 8 mA 左右为宜。由于毫安表串在电源进线中,因此此测得的是整个放大器的电流。但一般 VT_1 的集电极电流 I_{C1} 较小,从而可以把测得的总电流近似当作末级的静态电流。如果要准确得到末级静态电流,则可从总电流中减去 I_{C1} 之值。

调整输出级静态电流的另一方法是动态调试法。在输入端接入 $f=1\text{ kHz}$ 的正弦信号 U_i。逐渐加大输入信号的幅值,此时,输出波形应出现较严重的交越失真(注意:没有饱和和截止失真),此时直流毫安表读数即为输出级静态电流。一般数值也应在 5～10 mA,如过大,则要检查电路。

输出级电流调好以后,测量各级静态工作点,记入表 2.10.1。

表 2.10.1　$I_{C2}=I_{C3}=$　mA　$U_A=2.5$ V

	T_1	T_2	T_3
U_B/V			
U_C/V			
U_E/V			

2. 最大输出功率 P_{om} 和效率 η 的测试。

(1) 测量 P_{om}

输入端接 $f=1\ kHz$、$50\ mV$ 的正弦信号 U_i，输出端接上喇叭即 R_L，用示波器观察输出电压 U_o 波形。逐渐增大 U_i，使输出电压达到最大不失真输出，用交流毫伏表测出负载 R_L 上的电压 U_{om}，利用公式计算出 P_{om}。

$$P_{om}=\frac{U_{om}^2}{R_L}$$

(2) 测量 η

当输出电压为最大不失真输出时，读出直流毫安表中的电流值，此电流即为直流电源供给的平均电流 I_{dc}（有一定误差），由此可近似求得 $P_E=U_{cc}I_{dc}$，再根据上面测得的 P_{om}，即可求出 $\eta=\dfrac{P_{om}}{P_E}$。

3. 输入灵敏度测试。

根据输入灵敏度的定义，在步骤 2 的基础上，只要测出输出功率 $P_o=P_{om}$ 时（最大不失真输出情况）的输入电压值 U_i 即可。

4. 频率响应的测试。

测试方法同上。记入表 2.10.2。

表 2.10.2 $U_i=$ mV

				f_L		f_o		f_H		
F/Hz						1 000				
U_o/V										
A_V										

在测试时，为保证电路的安全，应在较低电压下进行，通常取输入信号为输入灵敏度的 50%。在测试过程中，应保持 U_i 为恒定值，且输出波形不得失真。

5. 研究自举电路的作用。

(1) 测量有自举电路且 $P_o=P_{omax}$ 时的电压增益 $A_V=\dfrac{U_{om}}{U_i}$。

(2) 将 C_2 开路（无自举），再测量 $P_o=P_{omax}$ 的 A_V。

用示波器观察(1)、(2)两种情况下的输出电压波形，并将以上两项测量结果进行比较，分析研究自举电路的作用。

6. 噪声电压的测试。

测量时将输入端短路（$U_i=0$），观察输出噪声波形，并用交流毫伏表测量输出电压，即为噪声电压 U_N，本电路中若 $U_N<15\ mV$，即满足要求。

* 7. 试听。

有条件的话将输入信号改为录音机输入，输出端接试听音箱及示波器。开机试听，并观察语言和音乐信号的输出波形。

8. 整理实验数据，计算静态工作点、最大不失真输出功率 P_{om}、效率 η 等数据，并与理论值进行比较。画频率响应曲线。

9. 参考电路图 2.10.2,连接好线路按以上步骤分析。

五、实验总结

1. 整理实验数据,计算静态工作点、最大不失真输出功率 P_{om}、效率 η 等。并与理论值进行比较。画频率响应曲线。

2. 分析自举电路的作用。

3. 讨论实验中发生的问题及解决办法。

实验 2.11　综合应用实验——控温电路

一、实验目的

1. 学习用各种基本电路组成实用电路的方法。

2. 学会系统测量和调试。

二、实验仪器与元器件

1. 万用表,1 台;

2. 温度计,1 支;

3. Dais 系列实验仪,1 台;

4. 集成电路:LM324X1、电阻、电容,若干(器件参数可参照原理图)。

可在扩展区内自行设计完成。

三、实验原理

1. 实验电路如图 2.11.1 所示,它是由有负温度系数电阻特性的热敏电阻[NTC (Negative Temperature Coefficient)元件]R_t 为一臂组成测温电桥,其输出经测量放大器放大后由滞回比较器输出"加热"(灯亮)与"停止"(灯熄)。改变滞回比较器的比较电压 U_R 即改变控温的范围,而控温的精度则由滞回比较器的滞环宽度确定。R_t 和 100 Ω/2 W 及温度计放置到一起。

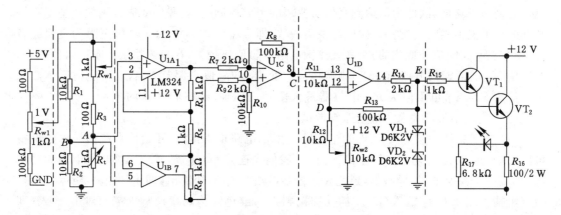

图 2.11.1　控温实验电路

2. 控制温度的标定。

首先确定控制温度的范围。设控温范围为 $t_1 \sim t_2$(单位:℃),标定时将 NTC 元件 R_t 置于恒温槽中,使恒温槽温度为 t_1,调整 R_{w1} 使 $U_C = U_D$,此时的 R_w 位置标为 t_1,同理可标定 t_2

的位置。根据控温精度要求，可在 $t_1 \sim t_2$ 之间标作若干点，在电位器 R_{W1} 上标注相应的温度刻度即可。若 R_{W1} 调节不到所要求值，则应改变 R_3 或 R_{W1} 的阻值。控温电路工作时只需要将 R_{W1} 对准所要求温度，即可实现恒温控制。由于不具备恒温槽条件，我们调节 R_{W1} 的 t_1（室温）和 t_2（$U_{AB}=30$ mV）进行比较、调试和原理在本实验中说明。

3. 实验电路分析。

实验中的加热装置用一个 100 Ω/2 W 的电阻模拟，将此电阻靠近 R_t 即可，调节 R_{W2} 使 $U_R=4$ V，调节 R_{W1} 使其由最大值逐渐减小到灯亮和灯熄临界状态时为 t_1，根据滞回比较器的传输特性，$U_C=U_D$，此时 100 Ω/2 W 电阻的温度就是当前室温，不用测量温度可用手感觉到，调节到 t_2 情况下，经过仪器放大器输出 $|U_C|$ 很大，根据滞回比较器的传输特性，U_E 为正稳压值，复合管起放大作用向 100 Ω/2 W 电阻开始加热，灯亮。此时 R_t 随电阻温度的增加而阻值减小，U_A 逐渐逼近 U_B 值，$|U_C|$ 逐渐减小到 $U_C<U_D$ 时灯熄，U_E 为负稳压值，这样停止加热，R_t 值增加，$|U_C|$ 增加到加热的情况，这样灯亮灯熄变化，保持在 $U_C=U_D$ 的附近加热和停止，控制电阻温度在 t_2 值不变，就达到了恒温控制的目的。

四、实验内容

1. 系统性能测试

在实验箱恒温控制模块中，令输入端 B 点接地，A 点引入 0～±5 V 直流信号源，打开交流开关，调节直流信号源输出电压为 4 V。用万用表检测 C_o 或 C_i 点电压，并用示波器观察 E_o 点电位，当缓慢改变 A 点电压及其极性时，分别记录使 E_o 点电位发生正跳变和负跳变的 U_{Co} 值，并由此画出滞回特性曲线。

2. 电压放大倍数的测量

在步骤 1 连线的基础上，断开 C_o 与 C_i 的连接，调节 A 点输入电压使 $U_{AB}=30$ mV，测量 C_o 处电压 U_{Co} 值，计算测量放大器的电压放大倍数。

3. 系统调试

在实验原理分析中，如图 2.11.1 所示，由于一旦加热热敏电阻很快变化，这样 A 点的电位是动态变化的，因此为了达到我们所要求的恒温控制过程，我们要先在不加热情况下调整好一个恒温值，我们设为 t_2（如原理说明一致，即 $U_{AB}=30$ mV，由于热敏电阻为负温差特性，随室温不同阻值是变化的，在冬天热敏电阻电阻值比较大，在夏天热敏电阻电阻值很小，为了使 U_{AB} 的值能调节到 30 mV，则需相应改变 R_3 的阻值来调节 U_{AB}，设室温情况下热敏电阻值为 R_t，调节电阻值为 R_3，电位器最大阻值为 R_{W1}，则它们之间的关系为：$R_3<R_t \leqslant R_{W1}+R_3$，实验中依此关系来进行系统调试。

（1）在实验箱中按照实验原理图 2.11.1 所示电路正确接线，开始接直流信号源到电桥电路，C、E 点即是 C_o 与 C_i、E_o 与 E_i 相连点，我们先连接 C_o 与 C_i，我们已把热敏电阻和功率源捆绑在一起，接在 U_J 插座上，黑色线为公共端相对 J_1 插孔输出（即 J_1 接地），白色线为热敏电阻输入端相对 J_2 输入（即 A 插孔连接到 J_2），红色线为功率源输入端相对 J_3 输入（即 UTP$_{10}$ 连接到 J_3）；U_J 左边的电源插孔接入 +12 V 和 -12 V 电源，除了 E_o 与 E_i 不连接，U_J 右边 +12 V 电源插孔不接外，将图 2.11.1 所有连线连接完毕。

（2）打开交流开关，调节直流信号源 R_{W1} 使接入电桥的电压为 1 V（用万用表监测），调节 R_{W2} 使 UTP$_3$ 恒为 4 V，调节 R_{W1} 为 t_2（$U_{AB}=30$ mV）后，连接 E_o 与 E_i，U_J 右边 +12 V 电源插孔接入 +12 V，电路构成如图 2.11.1 所示闭环控温系统，用万用表测量 A、C、D、E 各点电压变化情况,列表记录数据,并结合数据分析恒温控制的工作过程。

(3)用万用表测量灯亮("加热")与灯熄("停止")临点时 C_o 或 C_i 的电压值,绘制出滞回比较器的特性曲线。

4.控温过程的测试

若条件允许,试按表 2.11.1 要求,重复步骤(3),记录整定温度下的升温和降温时间及用温度计测量出大概温度值。

表 2.11.1　控温过程

整定恒温值	R_{W1} 值/Ω	升温时间/s	降温时间/s
$t=$	500		

五、实验总结

1.整理实验数据,画出有关曲线、数据表格以及实验线路。

2.在表 2.11.2 中,画出测温放大电路温度系数曲线及比较器电压传输特性曲线。

3.实验中的故障排除情况及体会。

表 2.11.2　实验总结

	设定温度 t/℃								
设定电压	从曲线上查得 U_{01}								
	U_R								
动作温度	t_1/℃								
	t_2/℃								
动作电压	U_{011}/V								
	U_{012}/V								

实验 2.12　综合应用实验——波形变换电路

一、实验目的

1.学习用各种基本电路组成实用电路的方法。

2.进一步掌握电路的基本理论及实验调试技术。

二、实验仪器与元器件

1.双踪示波器,1 台;

2.万用表,1 个;

3.毫伏表,1 个;

4.频率计,1 个;

5. Dais 系列实验仪一台。

三、实验原理

采用方波-三角波-正弦波变换的电路设计方法。电路图如图 2.12.1 所示。

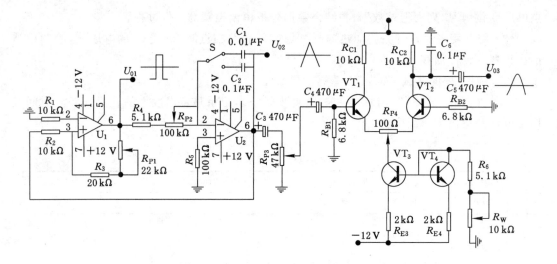

图 2.12.1　三角波-方波-正弦波函数发生器实验电路

图 2.12.1 所示电路是由三级单元电路组成的,在调试多级电路时,通常按照单元电路的先后顺序进行分级调试与级联。

四、实验内容

如图 2.12.1 所示,开关 S 相当于选择连接上那个电容,现连接 C_1,此综合实验用到了运放系列模块和差动放大模块的原理,在这两个模块中按图 2.12.1 连接好完整的电路。

1. 方波-三角波发生器的调试

由于比较器 U_1 与积分器 U_2 组成正反馈闭环电路,同时输出方波与三角波这两个单元电路可以同时调试。为使电路起振,先使 $R_{P1}=10$ kΩ,R_{P2} 取 2.5～70 kΩ 内的任一阻值。只要电路接线正确,U_{01} 输出为方波,U_{02} 输出为三角波。

(1) 打开交流开关,用示波器监视 U_{01}、U_{02} 波形,微调 R_{P1},用毫伏表测量三角波的幅度范围,调节 R_{P2},用频率计测量出可连续调节的频率范围。

(2) 把电容 C_1 换为 C_2,重复内容(1)。

2. 三角波-正弦波变换电路的调试

(1) 断开 R_{P3} 和 C_4 的连接线,经电容 C_4 输入差模信号电压 $U_{id}=50$ mV,$f_i=1$ kHz 的正弦波。调节 R_{P4} 及电阻 R_w,再逐渐增大 U_{id},直到最大不失真情况下记下 U_{idm} 值。移去信号源,再将 C_4 负极接地,测量差分放大器的静态工作点 I_0、U_{C1}、U_{C2}、U_{C3}、U_{C4}。

(2) 将 R_{P3} 与 C_4 连接,调节 R_{P3} 使三角波的输出幅度经 R_{P3} 后输出等于 U_{idm} 值,这时 U_{03} 的输出波形应接近正弦波,同时,调整 R_{P4}、R_w 可改善正弦波波形。

3. 性能指标测量与误差分析

恢复好完整的电路连接图。

(1) 输出波形

用示波器观察正弦波、方波、三角波的波形,调节好波形并记录。

(2) 频率范围

函数发生器的输出的频率范围一般分为若干波段,低频信号发生器的频率范围为:1～10 Hz,10～100 Hz,100～1 kHz,1～10 kHz,10～100 kHz,100 kHz～1 MHz 等六个波段,测出本实验函数发生器可输出哪几个波段。

（3）输出电压

输出电压一般指输出波形的波峰峰值,用示波器测量出各种波形的最大波峰峰值。

*（4）波形特性

表征正弦波特性的参数是非线性失真系数(一般要求小于 3%),表征三角波特性的参数也是非线性失真系数(一般要求小于 2%)。表征方波特性的参数是上升时间,一般要求小于 100 ns(1 kHz,最大输出时)。若有失真度测试仪可测试失真系数。

五、实验总结

1. 整理全部预习要求的计算及实验步骤、电路图、表格等。

2. 总结波形变换电路的特点。

第3章 数字电子技术实验

实验 3.1 门 电 路

一、实验目的

1. 验证常用 TTL(Transistor-Transistor Logic)、CMOS(Complementary Metal-Oxide-Semiconductor)集成门电路逻辑功能。

2. 掌握各种门电路的逻辑符号。

3. 了解集成电路的外引线排列及其使用方法。

二、实验器材

1. XK 系列数字电子技术实验系统,1 台;

2. 直流稳压电源,1 台;

3. 集成电路:74LS08、74LS32、74LS20、74LS00、74LS04、CD4002,各 1 片;

4. 万用表,1 个。

三、预习要求

1. 复习门电路的逻辑功能及各逻辑函数表达式。

2. 查找集成电路手册,画好进行实验用各芯片管脚图、实验接线图。

3. 预习 CMOS 电路使用注意事项。

4. 画好实验用表格。

5. 用门电路完成下列逻辑变换,并画出逻辑线路图:

(1) $Q = AB + CD$

(2) $Q = AB + AB$

(3) $Q = (AB + CD) \cdot EF$

四、实验原理和电路

集成逻辑门电路是最简单、最基本的数字集成元件。任何复杂的组合电路和时序电路都可用逻辑门通过适当的组合连接而成。目前已有门类齐全的集成门电路,例如"与门""或门""非门""与非门"等。虽然中、大规模集成电路相继问世,但组成某一系统时,仍少不了各种门电路。因此,掌握逻辑门的工作原理,熟练、灵活地使用逻辑门是数字技术工作者所必备的基本功之一。

1. TTL 门电路

TTL 集成电路由于其工作速度高、输出幅度较大、种类多、不易损坏的特点而应用广泛,因此学生进行实验论证时,选用 TTL 电路比较合适。因此,本书大多采用 74LS(或 74)系列 TTL 集成电路。它的工作电源电压为 5 V±0.5 V,逻辑高电平 1 时大于等于 2.4 V,低电平 0 时小于等于 0.4 V。

图 3.1.1 为 2 输入"与门",2 输入"或门",2 输入 4 输入"与非门"和反相器的逻辑符号

图。它们的型号分别是 74LS08 2 输入端四"与门"。74LS32 2 输入端四"或门",74LS00 2 输入端四"与非门",74LS20 4 输入端二"与非门"和 74LS04 六反相器("反相器"即"非门")。各自的逻辑表达式分别为:与门 $Q=A \cdot B$,或门 $Q=A+B$,与非门 $Q=\overline{A \cdot B}$,$Q=\overline{A \cdot B \cdot C \cdot D}$,反相器 $Q=\overline{A}$ 。

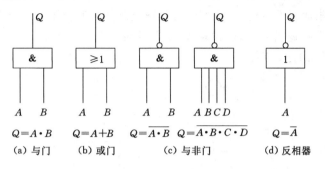

图 3.1.1 TTL 基本逻辑门电路

TTL 集成门电路外引脚分别对应逻辑符号图中的输入、输出端。电源管角和地管角一般为集成块的两端,如 14 脚集成电路,则 7 脚为电源地(GND),14 脚为电源正(V_{CC}),其余引脚为输入和输出,如图 3.1.2 所示。

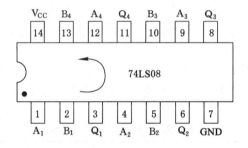

图 3.1.2 集成电路管脚排列

外引脚的识别方法是:将集成块正面对准使用者,以凹口左边或小标点"·"为起始脚 1,逆时针方向向前数 $1,2,3,\cdots,n$ 脚。使用时,查找 IC(Integrated Circuit)手册即可知各管脚功能。

2. CMOS 门电路

CMOS 集成电路功耗极低,输出幅度大,噪声容限大,扇出能力强,电源范围较宽,应用广泛。但应用 CMOS 电路时,必须注意以下几个方面:① 不用的输入端不能悬空。② 电源电压使用正确,不得接反。③ 焊接或测量仪器必须可靠接地。④ 不得在通电情况下,随意拔插输入接线。⑤ 输入信号电平应在 CMOS 标准逻辑电平之内。

CMOS 集成门电路逻辑符号、逻辑关系及外引脚排列方法均与 TTL 相同,所不同的是型号和电源电压范围。

选用 CC4000(CD4000)系列的 CMOS 集成电路,电源电压范围为 +3～+18 V。而选用 C000 系列的 CMOS 集成电路,电源电压范围为 +7～15 V。因此,设计 CMOS 电路时应注意电源电压的选择。

五、实验内容和步骤

1. TTL 门电路逻辑功能验证

(1) 按图 3.1.1 在实验系统(箱)上找到相应的门电路,并将输入端接实验箱的逻辑开关,输出端接发光二极管,图 3.1.3(a)所示为 TTL 与门电路逻辑功能验证接线图。若实验系统上无门电路集成元件,可把相应型号的集成电路插入实验箱集成块空插座上,再接上电源正、负极,输入端接逻辑开关,输出端接 LED(Light Emitting Diode)发光二极管,即可进行验证实验,如图 3.1.3(b)所示。

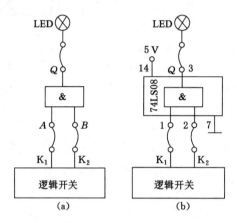

图 3.1.3　TTL 与门电路逻辑功能验证接线图

(2) 按状态表 3.1.1 中"与门"一栏输入 A,B(0,1)信号,观察输出结果(看 LED 备用发光二极管,如灯亮为 1,灯灭为 0)填入表 3.1.1 中,并用万用表测量 0,1 电平值。

表 3.1.1　门电路逻辑功能表

输入				输出				
				与门	或门	与非门	反相器	
$D(K_4)$	$C(K_3)$	$B(K_2)$	$A(K_1)$	$Q=AB$	$Q=A+B$	$Q=\overline{AB}$	$Q=\overline{ABCD}$	$Q=\overline{A}$
0	0	0	0					
0	1	0	1					
1	0	1	0					
1	1	1	1					

(3) 按同样方法,验证"或门"74LS32,"与非门"74LS00、74LS20,"反相器"74LS04 的逻辑功能,并把结果填入表 3.1.1 中。

要注意:TTL 门电路的输入端若不接信号,则视为 1 电平。在拔插集成块时,必须切断电源。

2. CMOS 门电路逻辑功能验证

CMOS 门电路的逻辑功能验证方法同 TTL 门电路。为简单起见,这里仅以 CMOS"或非门"逻辑功能验证为例,选用 CD4002 4 输入端二或非门集成块进行验证。

(1) 实验验证线路图如图 3.1.4 所示。图 3.1.4(a)为或非门逻辑符号,图 3.1.4(b)为接线图。不用的多余输入端应可靠接地。

（2）按图 3.1.4(b)接线,输入端接 $K_1 \sim K_3$ 逻辑开关,输出端接 LED 发光二极管。电源电压选用 5 V,14 脚接＋5 V,7 脚接地。

（3）接通电源,拨动逻辑开关,输入相应的信号,验证其功能是否满足"或非门"逻辑表达式 $Q=A+B+C$(表格自拟)。

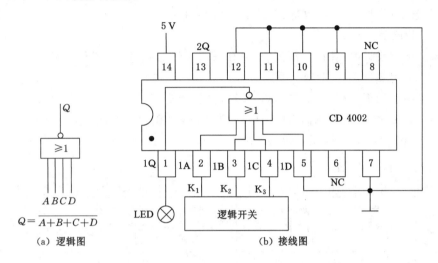

图 3.1.4　CMOS 或非门逻辑功能验证接线图

（4）CMOS 集成电路与 TTL 集成电路不同,多余不用的门电路或触发器等,其输入端都必须进行处理,在工程技术中也如此。此外,在实验时,当改接输入端连线时,不得在通电情况下进行操作,每次操作时需先切断电源,改接连线完成后,再通电进行实验。输出一般不需要保护处理。

（5）用万用表测量 CMOS 电路 0 和 1 电平数值。

六、实验报告要求

1．画出实验用门电路的逻辑符号,并写出其逻辑表达式。

2．整理实验表格。

3．画出门电路逻辑变换的线路图。

实验 3.2　TTL/CMOS 门电路参数测试

一、实验目的

1．掌握 TTL"与非门"电路参数的意义及其测试方法。

2．掌握 CMOS"或非门"电路参数的意义及其测试方法。

二、实验器材

1．XK 系列数字电子技术实验系统,1 台。

2．直流稳压电源,1 台。

3．示波器,1 台。

4．数字万用表,1 个。

5. 集成电路:74LS00、CD4001,各 1 只。

6. 元器件:电阻 200 Ω、1 kΩ,各 1 只;电位器 1 kΩ、10 kΩ,各 1 只。

三、预习要求

1. 复习 TTL 与非门各参数的意义及测试方法。

2. 了解 CMOS 或非门各参数的意义及数值。

3. 熟记 TTL 与非门、CMOS 或非门的外形结构。

四、实验原理和电路

在系统电路设计时,往往要用到一些门电路,而门电路的一些特性参数在很大程度上影响整机工作的可靠性。

本实验中我们仅选用 TTL 74LS00 2 输入端四与非门和 CD4001 2 输入端四或非门进行参数的实验测试,以帮助我们掌握门电路的主要参数的意义和测试方法。

74LS00 和 CD4001 集成电路外引脚排列图如图 3.2.1 所示。

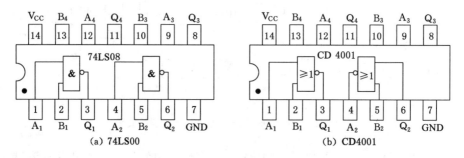

图 3.2.1　74LS00 和 CD4001 集成电路外引脚排列图

通常参数按时间特性分两种:静态参数和动态参数。静态参数指电路处于稳定的逻辑状态下测得的参数;而动态参数则指逻辑状态转换过程中与时间有关的参数。

TTL"与非"门的主要参数如下。

1. 扇入系数 N_i 和扇出系数 N_o:能使电路正常工作的输入端数目称为扇入系数 N_i;电路正常工作时,能带动的同型号门的数目称为扇出系数 N_o。

2. 输出高电平 V_{OH}:一般 $V_{OH} \geqslant 2.4$ V。

3. 输出低电平 V_{OL}:一般 $V_{OL} \leqslant 0.4$ V。

4. 电压传输特性曲线、开门电平 V_{on} 和关门电平 V_{off}:图 3.2.2 所示 V_i-V_o 关系曲线称为电压传输特性曲线。使输出电压 V_o 刚刚达到低电平 V_{OL} 时的最低输入电压称为开门电平 V_{on}。使输出电压 V_o 刚刚达到高电平 V_{OH} 时的最高输入电压 V_i 称为关门电平 V_{off}。

5. 输入短路电流 I_{IS}:一个输入端接地,其他输入端悬空时,流过该接地输入端的电流为输入短路电流 I_{IS}。

6. 空载导通功耗 P_{on}:指输入全部为高电平、输出为低电平且不带负载时的功率损耗。

7. 空载截止功耗 P_{on}:指输入有低电平、输出为高电平且不带负载时的功率损耗。

8. 抗干扰噪声容限:电路能够保持正确的逻辑关系所允许的最大干扰电压值,称为噪声电压容限。其中输入低电平时的噪声容限为 $\Delta 0 = V_{off} - V_{IL}$($V_{IL}$ 就是前级的 V_{OL}),而输入高电平时的噪声容限为 $\Delta 1 = V_{IH} - V_{on}$（$V_{IH}$ 就是前级的 V_{OH}）。

9. 平均传输延迟时间 t_{pd}：如图 3.2.3 所示，$t_{pd} = (t_{pdl} + t_{pdh})/2$，它是衡量开关电路速度的重要指标。一般情况下，低速组件 t_{pd} 约 $40 \sim 160$ ns，中速组件 t_{pd} 约 $15 \sim 40$ ns，高速组件约 $8 \sim 15$ ns，超高速组件 t_{pd} 小于 8 ns。t_{pd} 的近似计算方法：$t_{pd} = T/6$，T 为用三个门电路组成振荡器的周期。

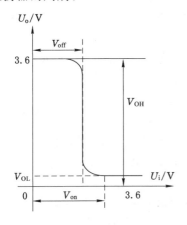

图 3.2.2　电压传输特性曲线

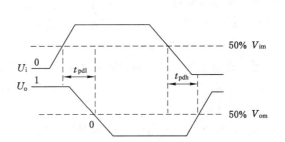

图 3.2.3　平均传输延迟时间 t_{pd}

10. 输入漏电流 I_{ro}：指一个输入端接高电平，另一输入端接地时，流过高电平输入端的电流。

CMOS 电路的参数是对它本身特性的一种定量描述。这些参数应包括逻辑功能的正确与否，性能优劣及可靠性水平等。各参数的意义和测试方法大体与 TTL 差不多，详细请参阅 CMOS 集成电路手册。

五、实验内容及步骤

TTL 选用 74LS00 集成门电路。首先验证其逻辑功能，正确后，再进行以下参数测试。

1. TTL 与非门参数测试

（1）空载导通功耗 P_{on}

空载导通功耗 P_{on} 是指输入全为高电平、输出为低电平且不接负载时的功率损耗。

$$P_{on} = V_{CC} \cdot I_{CCL}$$

式中　V_{cc}——电源电压；

I_{ccL}——导通电源电流。

测试电路见图 3.2.4(a)；电流表、电压表用万用表即可。按图 3.2.4(a)接线，合上 K_1 和 K_2，再合上电源开关，读出电流值 I_{CCL} 和电压值 V_{CC}。

（2）空载截止功耗 P_{off}

空载截止功耗 P_{off} 是指输入至少有一个为低电平、输出为高电平且不接负载时的功率损耗。

$$P_{off} = V_{CC} \cdot I_{CCH}$$

式中　I_{CCH}——截止电源电流；

V_{CC}——电源电压。

测试电路见图 3.2.4(a)。按图 3.2.4(a)接线,接上万用表,K_1 或 K_2 断开,合上电源开关,读出电流值 I_{CCH} 和电压值 V_{CC}。

(3) 低电平输入电流 $I_{IL}(I_{IS})$

低电平输入电流 I_{IL} 又称输入短路电流 I_{IS},是指有一个输入端接地,其余端开路,输出空载时,接地输入端流出的电流。

测试电路见图 3.2.4(b)。按图 3.2.4(b)接线,读出电流值即可。

(4) 高电平输入电流 $I_{IH}(I_{la})$

高电平输入电流 I_{IH} 又称输入漏电流 I_{la}、输入反向电流,它是指输入端一端接高电平、其余输入端接地时流过接高电平输入端的电流。

测试电路见图 3.2.4(c)。读出电流值即可。

(5) 输出高电平 V_{OH}

输出高电平 V_{OH} 是指输出不接负载、当有一输入端为低电平时的电路输出电压值。

测试电路见图 3.2.4(d)。K_1 合上,K_2 断开,接通电源,读出电压值。

(6) 输出低电平 V_{OL}

输出低电平 V_{OL} 是指所有输入端均接高电平时的输出电压值。

测试电路见图 3.2.4(d)。K_1,K_2 均合上,接通电源,读出电压值。

(7) 电压传输特性是反映输出电压 V_o 与输入电压 V_i 之间关系的特性曲线。

测试电路见图 3.2.4(e)。将电阻 R 插入实验箱电阻插孔中,K_2 合上为 1,旋转电位器 R_w,使 V_1 逐渐增大,同时读出 V_1 和 V_2 值,其中 V_1 值代表输入电压 V_i,V_2 值代表输出电压 V_o 值。

画出 V_o 与 V_i 的关系曲线,即电压传输特性。

(8) 扇出系数 N_o

扇出系数 N_o 是指能正常驱动同型号与非门的最多个数。

测试电路见图 3.2.4(f)。1 号脚、2 号脚均悬空,接通电源,调节电位器 R_w,使电压表的值为 $V_{OL}=0.4$ V,读出此时的电流值 I_{OL}。

扇出系数 $N_o=I_{OL}/I_{IL}$。

(9) 平均传输延迟时间 t_{pd}

TTL 与非门动态参数主要是指传输延迟时间,即输入波形边沿的 $0.5V_m$ 点至输出波形对应边沿的 $0.5V_m$ 点的时间间隔,一般用平均传输延迟时间 t_{pd} 表示。其中 V_m 表示输入以及输出电压的最大值。

测试电路见图 3.2.4(g)。按图接线,3 个与非门组成环形振荡器,从示波器中读出振荡周期 T。

平均传输延迟时间 $t_{pd}=T/6$。

2. CMOS 或非门参数测试

CMOS 器件的特性参数也有静态和动态参数之分。测试 CMOS 器件静态参数时的电路与测试 TTL 器件静态参数的电路大体相同,不过要注意 CMOS 器件和 TTL 器件的使用规则各不相同,对各个端脚的处理要注意符合逻辑关系。另外,CMOS 器件的 I_{CCL}、I_{CCH} 值极小,仅几毫安。为了保证输出开路的条件,其输出端所使用的电压表内阻要足够大,最好用直流数字电压表。在此我们仅介绍其传输特性的测量和延迟时间的测量电路。

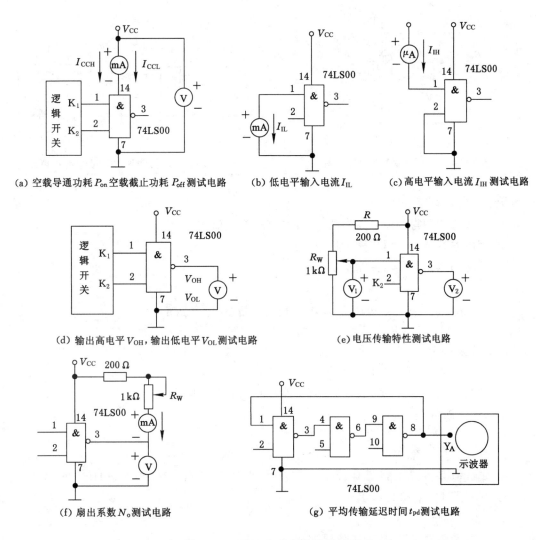

(a) 空载导通功耗 P_{on} 空载截止功耗 P_{off} 测试电路　(b) 低电平输入电流 I_{IL}　(c) 高电平输入电流 I_{IH} 测试电路

(d) 输出高电平 V_{OH}，输出低电平 V_{OL} 测试电路　　(e) 电压传输特性测试电路

(f) 扇出系数 N_o 测试电路　　　(g) 平均传输延迟时间 t_{pd} 测试电路

图 3.2.4　TTL 与非门参数测试图

选用 CD4001 2 输入端四或非门一块，并验证其逻辑功能正确后，进行如下实验测试。

(1) 电压传输特性

① 测试电路如图 3.2.5 所示。

② 合上电源开关，调节电位器 R_w，选择若干个输入电压值 V_1，测量相应的输出电压值 V_2，然后由测量所得的数据，作（绘）出 CMOS 或非门的电压传输特性。

③ 断开电源开关，将 2 号脚与 7 号脚断开，与 1 号脚相连。合上电源开关，重复上述调节电位器 R_w 的步骤，比较两种情况下电压传输特性的差异。

(2) 平均传输延迟时间 t_{pd}

① 测试电路如图 3.2.6 所示。

② 按图 3.2.6 接线，从示波器中读出振荡周期 T。

③ 平均传输延迟时间 $t_{pd} = T/6$。

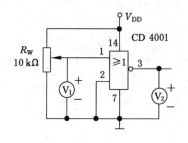

图 3.2.5　电压传输特性测试电路

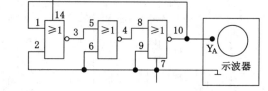

图 3.2.6　平均传输延迟时间 t_{pd} 测试电路

六、实验报告要求

1. 记录实验测得的门电路参数值,并与器件规范值比较。

2. 用方格纸画出电压传输特性曲线。

3. 计算门电路的平均传输延迟时间 t_{pd}。

实验 3.3　译码器和编码器

一、实验目的

1. 掌握译码器、编码器的工作原理和特点。

2. 熟悉常用译码器、编码器的逻辑功能和它们的典型应用。

二、实验器材

1. XK 系列数字电子技术实验系统,1 台。

2. 直流稳压电源,1 台。

3. 集成电路:74LS138,2 片;74LS147、74LS148、74LS248、74LS139、74LS145,各 1 片。

4. 显示器 LC5011-11,1 片。

三、预习要求

1. 复习译码器、编码器的工作原理和设计方法。

2. 熟悉实验中所用译码器、编码器集成电路的管脚排列和逻辑功能。

3. 画好实验用逻辑状态表。

四、实验原理和电路

按照逻辑功能的不同特点,常把数字电路分两大类:一类称为组合逻辑电路,另一类称为时序逻辑电路。组合逻辑电路在任何时刻输出的稳态值,仅决定于该时刻各个输入信号取值组合的电路。在这种电路中,输入信号作用以前电路所处的状态对输出信号无影响。通常,组合逻辑电路由门电路组成。

组合逻辑电路的分析方法为根据逻辑图进行两步工作。

(1) 根据逻辑图,逐级写出函数表达式。

(2) 进行化简:用公式法、图形法或真值表进行化简、归纳。

组合逻辑电路的设计方法就是从给定逻辑要求出发,求出逻辑图。一般分四步进行。

(1) 分析要求:将问题分析清楚,理清哪些是输入变量,哪些是输出函数。

(2) 列真值表。

（3）进行化简：变量比较少时，用图形法化简。变量多时，可用公式化简。

（4）画逻辑图：按函数要求画逻辑图。

进行前四步工作，设计已基本完成，但还需选择元件——集成电路，进行实验论证。

值得注意的是，这些步骤并不是固定不变的程序，实际设计时，应根据具体情况和问题难易程度进行取舍。

1. 译码器

译码器是组合电路的一部分，所谓译码，就是把代码的特定含义"翻译"出来的过程，而实现译码操作的电路称为译码器。译码器分为三类。

（1）二进制译码器：如中规模 2-4 线译码器 74LS139，3-8 线译码器 74LS138 等。

（2）二-十进制译码器：实现各种代码之间的转换，如 BCD 码-十进制译码器 74LS145 等。

（3）显示译码器：用来驱动各种数字显示器，如共阴数码管译码驱动 74LS48（或者 74LS248），共阳数码管译码驱动 74LS47（或者 74LS247）等。

2. 编码器

编码器也是组合电路的一部分。编码器就是实现编码操作的电路，编码实际上是译码相反的过程。按照被编码信号的不同特点和要求，编码器也分成三类。

（1）二进制编码器：如用门电路构成的 4-2 线，8-3 线编码器等。

（2）二-十进制编码器：将十进制的 0~9 编成 BCD 码，如：10 线十进制-4 线 BCD 码编码器 74LS147 等。

（3）优先编码器：如 8-3 线优先编码器 74LS148 等。

五、实验内容及步骤

1. 译码器实验

（1）将二进制 2-4 线译码器 74LS139 及 74LS138 二进制 3-8 译码器分别插入实验系统 IC 空插座中。

按图 3.3.1 接线，输入 G、A、B 信号，观察 LED 输出 Y_0、Y_1、Y_2、Y_3 的状态，并将结果填入表 3.3.1 中。

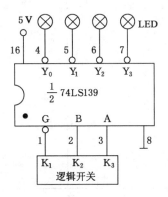

图 3.3.1　74LS139 2-4 线译码器实验线路

表 3.3.1   74LS139 2-4 线译码器功能表

输入			输出			
G	B	A	Y_0	Y_1	Y_2	Y_3
1	×	×	1	1	1	1
0	0	0				
0	0	1				
0	1	0				
0	1	1				

按图 3.3.2 接线,输入 G_1、G_{2A}、G_{2B}、A、B、C 信号,观察 LED 输出 $Y_0 \sim Y_7$。使能信号 G_1,G_{2A},G_{2B} 满足表 3.3.2 条件时,译码器选通。

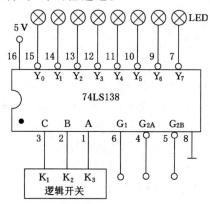

图 3.3.2   74LS138 3-8 线译码实验线路

表 3.3.2   74LS138 3-8 线译码器功能表

输入					输出							
使能		选择										
G_1	G_2	C	B	A	Y_0	Y_1	Y_2	Y_3	Y_4	Y_5	Y_6	Y_7
×	1	×	×	×	1	1	1	1	1	1	1	1
0	×	×	×	×	1	1	1	1	1	1	1	1
1	0	0	0	0								
1	0	0	0	1								
1	0	0	1	0								
1	0	0	1	1								
1	0	1	0	0								
1	0	1	0	1								
1	0	1	1	0								
1	0	1	1	1								

译码器扩展,用 74LS139 双 2-4 线译码器可接成 3-8 线译码器。用 74LS138 两片 3-8 线译码器可组成 4-16 线译码器,按图 3.3.3 接线,即可完成 2-4 线、3-8 线译码器的扩展。同样的方法,可完成更多的 N→2N 译码器的扩展功能。

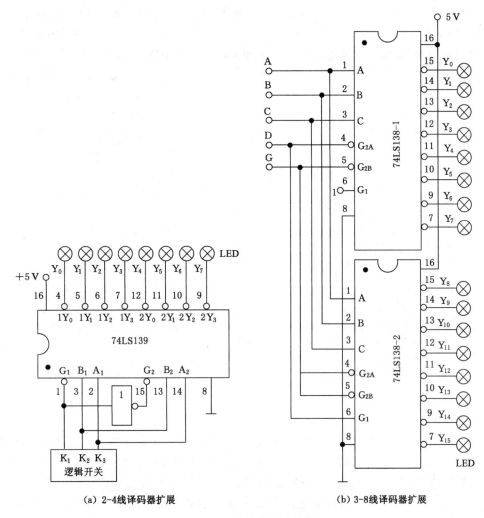

（a）2-4线译码器扩展　　　　　　　（b）3-8线译码器扩展

图 3.3.3　译码器扩展电路

（2）将 BCD 码-十进制译码器 74LS145 插入实验箱中,按图 3.3.4 接线。其中 BCD 码是用 XK 系列实验系统的 8421 码拨码开关,输出"0~9"与发光二极管 LED 相连。按动拨码开关,观察输出 LED 是否和拨码开关所指示的十进制数字一致。

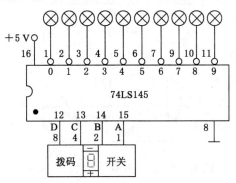

图 3.3.4　BCD 码-十进制译码器实验线路图

（3）将译码驱动器 74LS48（或 74LS248）和共阴极数码管 LC5011-11（547R）插入实验箱空 IC 插座中，按图 3.3.5 接线。图 3.3.6 为共阴极数码管 LC5011-11 管脚排列图。

接通电源后，观察数码管显示结果是否和拨码开关指示数据一致。

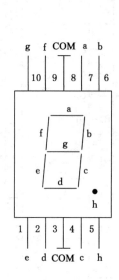

图 3.3.5　译码显示实验图

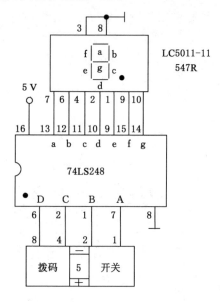

图 3.3.6　共阴极数码管 LC5011-11 管脚排列图

2. 编码器

（1）将 10-4 线（十进制-BCD 码）编码器 74LS147 插入实验系统 IC 空插座中，按照图 3.3.7 接线，其中输入接 9 位逻辑 0-1 开关，输出 Q_D、Q_C、Q_B、Q_A 接 4 个 LED 发光二极管。

接通电源，按表 3.3.3 输入各逻辑电平，观察输出结果并填入表 3.3.3 中。

（2）将 8-3 线优先编码器按上述同样方法进行实验论证。其接线图如图 3.3.8 所示。功能表见表 3.3.4。

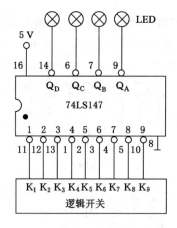

图 3.3.7　10-4 线编码器实验接线图

表 3.3.3　十进制/BCD 码编码器功能表

输入									输出			
1	2	3	4	5	6	7	8	9	Q_D	Q_C	Q_B	Q_A
1	1	1	1	1	1	1	1	1	1	1	1	1
×	×	×	×	×	×	×	×	0				
×	×	×	×	×	×	×	0	1				
×	×	×	×	×	×	0	1	1				
×	×	×	×	×	0	1	1	1				
×	×	×	×	0	1	1	1	1				
×	×	×	0	1	1	1	1	1				
×	×	0	1	1	1	1	1	1				
×	0	1	1	1	1	1	1	1				
0	1	1	1	1	1	1	1	1				

注:表中×为状态随意。

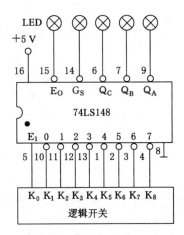

图 3.3.8　8-3 线编码器实验接线图

表 3.3.4　线编码器功能表

输入									输出				
E_1	0	1	2	3	4	5	6	7	Q_C	Q_B	Q_A	G_S	E_O
1	×	×	×	×	×	×	×	×	1	1	1	1	1
0	1	1	1	1	1	1	1	1					
0	×	×	×	×	×	×	×	0					
0	×	×	×	×	×	×	0	1					
0	×	×	×	×	×	0	1	1					
0	×	×	×	×	0	1	1	1					
0	×	×	×	0	1	1	1	1					
0	×	×	0	1	1	1	1	1					
0	×	0	1	1	1	1	1	1					
0	0	1	1	1	1	1	1	1					

注:表中×为状态随意。

六、实验报告要求

1. 整理实验线路图和实验数据、表格。

2. 总结用集成电路进行各种扩展电路的方法。

3. 比较用门电路组成组合电路和应用专门集成电路各有何优缺点。

实验 3.4　半加器、全加器及数据选择器、分配器

一、实验目的

1. 掌握半加器、全加器及数据选择器、分配器的工作原理。

2. 掌握数据选择器、分配器的扩展方法。

3. 熟悉常用全加器、半加器、数据选择器、分配器的管脚排列和逻辑功能。

二、实验器材

1. XK 系列数字电子技术实验系统,1 台。

2. 直流稳压电源,1 台。

3. 集成电路:74LS00,2 片;74LS04,74LS86,74LS32,74LS183,74LS138,74LS151,各
　　　1 片。

三、预习要求

1. 复习半加器、全加器、数据选择器和数据分配器的工作原理与特点。

2. 了解本实验中所用集成电路的逻辑功能和使用方法。

3. 准备好实验记录图表。

四、实验原理和电路

1. 半加器和全加器

根据组合电路设计方法,首先列出半加器的真值表,见表 3.4.1。

表 3.4.1　半加器逻辑功能

输入		和	进位
A	B	S	C
0	0	0	0
0	1	1	0
1	0	1	0
1	1	0	1

写出半加器的逻辑表达式

$\bar{S}=A\bar{B}+AB=A\oplus B$

$C=AB$

若用"与非门"来实现即为

$S=\overline{\overline{\overline{A\bar{B}}\cdot A}\cdot\overline{\overline{A\bar{B}}\cdot B}}=\bar{A}B+A\bar{B}$

$C=\overline{\overline{A\bar{B}}}=AB$

半加器的逻辑电路图如图 3.4.1 所示。用上述两个半加器可组成全加器,原理如图

3.4.2 所示。在实验过程中,我们可以选异或门 74LS86 及与门 74LS08 实现半加器的逻辑功能;也可用全与非门如 74LS00 反相器 74LS04 组成半加器。这里全加器不用门电路构成,而选用集成的双全加器 74LS183,其管脚排列和逻辑功能表分别见图 3.4.3 和表 3.4.2。

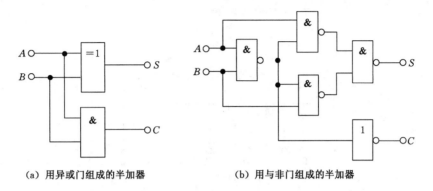

（a）用异或门组成的半加器　　　（b）用与非门组成的半加器

图 3.4.1　半加器逻辑电路图

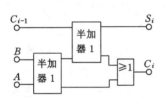

图 3.4.2　由两个半加器组成的全加器

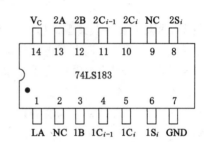

图 3.4.3　74LS183 双全加器外引脚排列图

表 3.4.2　全加器逻辑功能

输入			输出	
C_{i-1}	B	A	S_i	C_i
0	0	0	0	0
0	0	1	1	0
0	1	0	1	0
0	1	1	0	1
1	0	0	1	0
1	0	1	0	1
1	1	0	0	1
1	1	1	1	1

2. 数据选择器和数据分配器

数据选择器又称多路开关,其基本功能相当于单刀多位开关,其集成电路有"四选一"、"八选一"、"十六选一"等多种类型。这里我们以"八选一"数据选择器 74LS151 为例进行实验论证。数据选择器的应用很广。它可实现任何形式的逻辑函数,将并行码变成串行码,组成数码比较器等。例如在计算机数字控制装置和数字通信系统中,往往要求将并行形式的数据转换成串行的形式。若用数据选择器就能很容易地完成这种转换。只要将欲变换的并行码送到数据选择器的信号输入端,使组件的控制信号按一定的编码(如二进制码)顺序依次变化,则输出端可获得串行码输出,如图 3.4.4 所示。

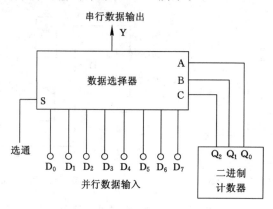

图 3.4.4 变并行码为串行码

数据分配器,实际上其逻辑功能与数据选择器相反。它的功能是使数据由一个输入端向多个输出端中的某个输出端进行传送,它的电路结构类似于译码器。所不同的是多了一个输入端。若选择器输入端恒为 1,它就成了上一实验的译码器。实际上,我们可用译码器集成产品充当数据分配器。例如,用 2-4 线译码器充当四路数据分配器,3-8 线译码器充当八路数据分配器。就是将译码器的译码输出充当数据分配器输出,而将译码器的使能输入充当数据分配器的数据输入。

数据选择器和分配器组合起来,可实现多路分配,即在一条信号线上传送多路信号,图 3.4.5 即为传送多路信号的示意图。这种分时地传送多路数字信息的方法在数字技术中经常被采用。

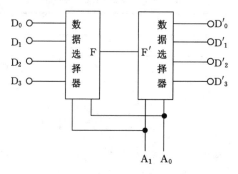

图 3.4.5 多路信号的传送

五、实验内容及步骤

1. 半加器和全加器

实验系统(箱)上如有异或门及全加器,即可直接按逻辑电路图 3.4.1 和图 3.4.2 进行实验论证。如没有,则可分别将 2 输入四异或门 74LS86,2 输入四与非门 74LS00 和与门 74LS08,或门 74LS32 及全加器 74LS183 插入实验系统 IC 空插座中。

74LS183 的外引脚排列见图 3.4.3。将 A、B、C_{i-1} 分别接实验箱逻辑开关 K_1、K_2、K_3,

输出 S_i 和 C_i 接发光二极管 LED,如图 3.4.6 所示。按全加器真值表输入 K_1、K_2、K_3 逻辑电平信号,观察输出结果和 S_i 及进位 C_i,并记录下来。

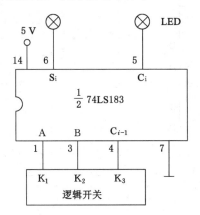

图 3.4.6　全加器实验接线图

半加器实验方法同上。74LS86 管脚排列如下:1,2 脚为输入端,3 脚为输出端;4,5 脚为输入端,6 脚为输出端;9,10 脚为输入端,8 脚为输出端;12,13 脚为输入端,11 脚为输出端。14 脚为电源+5 V,7 脚为接地。实验时,输入信号,观察和数与进位数,并记录。

2. 数据选择器和分配器

将实验用 74LS151"八选一"数据选择器插入实验箱中,按图 3.4.7 接线。其中 C、B、A 为三位地址码,S 为低电平选通输入端,$D_0 \sim D_7$ 为数据输入端,输出 Y 为原码输出端,W 为反码输出端。

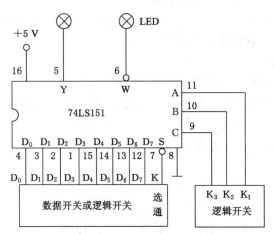

图 3.4.7　八选一数据实验接线图

置选通端 S 为 0 电平,数据选择器被选中,拨动逻辑开关 $K_3 \sim K_1$ 分别为 000,001,… 111(置数据输入端 $D_0 \sim D_7$ 分别为 10101010 或 11110000),观察输出端 Y 和 W 输出结果,并记录。实验结果表明,图 3.4.7 实现了图 3.4.4 的并行码变串行码的转换。

译码器常可接成数据分配器,在多路分配器中即用 3-8 线 74LS138 译码器接成数据分配器形式,从而完成多路信号的传输,具体实验接线见图 3.4.8。

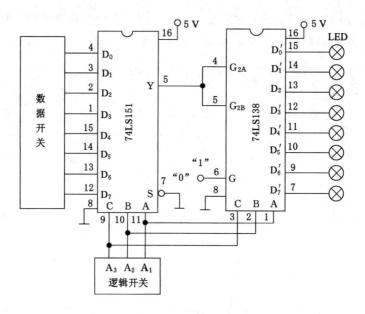

图 3.4.8 多路信号的传输(多路分配器)

按图 3.4.8 接线。$D_0 \sim D_7$ 分别接数据开关或逻辑开关,$D'_0 \sim D'_7$ 接 8 个发光二极管 LED 显示,数据选择器和数据分配器的地址码一一对应相连,并接三位逻辑电平开关(也可用 8421 码拨码开关的 4、2、1 三位或三位二进制计数器的输出端 Q_C、Q_B、Q_A)。把数据选择器 74LS151 原码输出端 Y 与 74LS138 的 G_{2A} 和 G_{2B} 输入端相连,两个芯片的选通分别接规定的电平。这样就完成了多路分配器的功能。

置 $D_0 \sim D_7$ 为 11110000 和 10101010 两种状态,再分别两次置地址码 $A_3 \sim A_0$ 为 0~7,观察输出发光二极管 LED 状态,并记录。

六、实验报告要求

1. 整理实验数据和实验线路图。

2. 试用数据选择器实现全加器及比较器功能,画出具体线路图。

实验 3.5　计　数　器

一、实验目的

1. 熟悉由集成触发器构成的计数器电路及其工作原理。

2. 熟练掌握常用中规模集成电路计数器及其应用方法。

二、实验器材

1. XK 系列数字电子技术实验系统,1 台。

2. 直流稳压电源,1 台。

3. 集成电路:74LS74、74LS112、74LS193,各 2 片;74LS161,3 片;74LS04、74LS08、74LS20,各 1 片。

三、预习要求

1. 复习计数器电路的工作原理和电路组成结构。

2. 熟悉中规模集成计数器电路 74LS161、74LS193 的逻辑功能、外引脚排列和使用方法。

四、实验原理和电路

所谓计数,就是统计脉冲的个数,计数器就是实现"计数"操作的时序逻辑电路。计数器的应用十分广泛,不仅可用来计数,也可用作分频、定时等。

计数器种类繁多。根据计数体制的不同,计数器可分为二进制(即 2^n 进制)计数器和非二进制计数器两大类。在非二进制计数器中,最常用的是十进制计数器,其他的一般称为任意进制计数器。根据计数器的增减趋势不同,计数器可分为加法计数器——随着计数脉冲的输入而递增计数;减法计数器——随着计数脉冲的输入而递减计数;可逆计数器——既可递增,也可递减计数。根据计数脉冲引入方式不同,计数器又可分为同步计数器——计数脉冲直接加到所有触发器的时钟脉冲(CP,Clock Pulse)输入端;异步计数器——计数脉冲不是直接加到所有触发器的时钟脉冲输入端。

1. 异步二进制加法计数器

异步二进制加法计数器是比较简单的。图 3.5.1(a)是由 4 个 JK(选用双 JK74LS112)

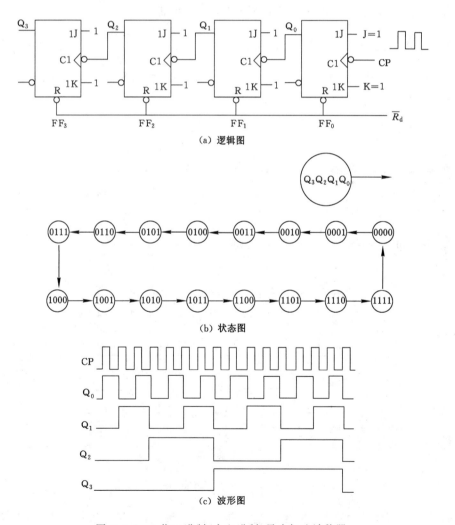

(a) 逻辑图

(b) 状态图

(c) 波形图

图 3.5.1　4 位二进制(十六进制)异步加法计数器

触发器构成的 4 位二进制(十六进制)异步加法计数器,图 3.5.1(b)和图 3.5.1(c)分别为其状态图和波形图。

对于所得状态图和波形图可以这样理解:触发器 FF_0(最低位)在每个计数沿(CP)的下降沿(1→0)翻转,触发器 FF_1 的 CP 端接 FF_0 的 Q_0 端,因而当 $FF_0(Q_0)$ 由 1→0 时,FF_1 翻转。类似地,当 $FF_1(Q_1)$ 由 1→0 时,FF_2 翻转,$FF_2(Q_2)$ 由 1→0 时,FF_3 翻转。

4 位二进制异步加法计数器从其始态 0000 到 1111 共有十六个状态,因此,它是十六进制加法计数器,也称模 16 加法计数器(模 M＝16)。

从波形图可看到,Q_0 的周期是 CP 周期的二倍;Q_1 是 Q_0 的二倍,CP 的四倍;Q_2 是 Q_1 的二倍,Q_0 的四倍,CP 的八倍;Q_3 是 Q_2 的二倍,Q_1 的四倍,Q_0 的八倍,CP 的十六倍。所以 Q_0、Q_1、Q_2、Q_3 分别实现了二、四、八、十六分频,这就是计数器的分频作用。

2. 异步二进制减法计数器

异步二进制减法计数器原理同加法计数器,只要在图 3.5.1(a)所示加法计数器逻辑电路中将低位触发器 Q 端接高位触发器 CP 端换成低位触发器 $\overline{Q}$ 端接高位触发器 CP 端即可。图 3.5.2 为 4 位二进制(十六进制)异步减法计数器。

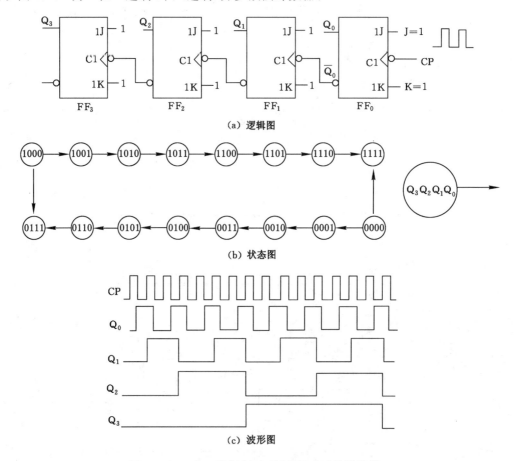

(a) 逻辑图

(b) 状态图

(c) 波形图

图 3.5.2　4 位二进制(十六进制)异步减法计数器

如果用 D 触发器,则可把 D 触发器先转换成 T′ 触发器,然后根据 74LS74 D 触发器为上升沿触发,画出逻辑电路图。用 74LS74 触发器构成的 4 位异步二进制加法计数器逻辑电路如图 3.5.3 所示。

3. 其他进制计数器

在很多实际应用中,往往需要不同的计数进制满足各种不同的要求。如电子钟里需要六十进制、二十四进制,日常生活中的十进制,等等。

如图 3.5.3 中虚线所示,我们只要把 Q_3 和 Q_1 通过与非门接到 FF_0、FF_1、FF_2、FF_3 四个触发器的清零端 R_d,即可实现从十六进制转换为十进制计数器。如要实现十四进制计数器,可以把 Q_3、Q_2、Q_1 相"与非"后,接触发器 $FF_3 \sim FF_0$ 的清零端 R_d。同理可实现其他进制的异步计数器。

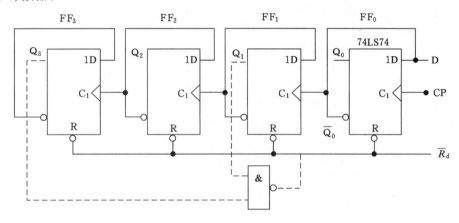

图 3.5.3　用 74LS74 D 触发器构成的 4 位异步二进制加法计数器

8421 码十进制计数器是常用的,图 3.5.4 为下降沿触发的 JK 触发器构成的异步十进制计数器(8421 码)。

要组成 100 进制(8421 码)计数器只需将两个 8421 码计数器级联起来即可实现。

4. 集成计数器

在实际工程应用中,我们一般很少使用小规模的触发器去拼接而成各种计数器,而是直接选用集成计数器产品。例如 74LS161 是具有异步清零功能的可预置数 4 位二进制同步计数器。74LS193 是具有带清除双时钟功能的可预置数 4 位二进制同步可逆计数器。图 3.5.5 为 74LS161 的惯用逻辑符号和外引脚排列图。表 3.5.1 为 74LS161 的功能表。

由表 3.5.1 可知,74LS161 具有下列功能。

(1) $\overline{CR}=0$,不管其他输入端为何状态,输出均为 0。

(2) $\overline{CR}=1$,$\overline{LD}=0$,在 CP 上升沿时,将 $d_0 \sim d_3$ 置入 $Q_0 \sim Q_3$ 中。

(3) $\overline{CR}=\overline{LD}=1$,若 $CT_T=CT_P=1$,对 CP 脉冲实现同步计数。

(4) $\overline{CR}=\overline{LD}=1$,若 $CT_P \cdot CT_T=0$,计数器保持计数器状态。

进位 CO 在平时状态为 0,仅当 $CT_T=1$ 且 $Q_0 \sim Q_3$ 全为 1 时,才输出 1($CO=CT_T \cdot Q_3 \cdot Q_2 \cdot Q_1 \cdot Q_0$)。

体现 74LS193 功能波形图如图 3.5.6 所示,其主要功能如下。

(1) CR=1 为清零,不管其他输入如何,输出均为 0。

(2) CR=1,$\overline{LD}=1$,置数,将 D、C、B、A 置入 Q_D、Q_C、Q_B、Q_A 中。

(3) CR=1,$\overline{LD}=0$,在 $CP_D=1$,CP_U 有上升沿脉冲输入时,实现同步二进制加法计数。

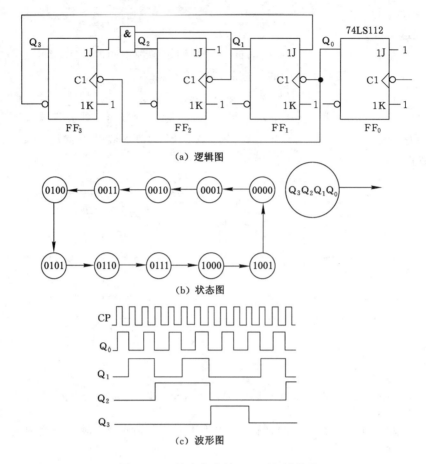

图 3.5.4 异步十进制(8421 码)计数器

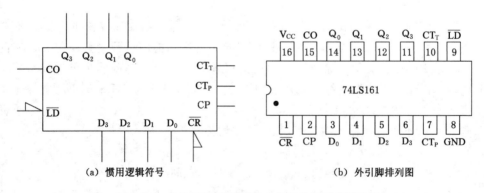

图 3.5.5 74LS161 可预置数 4 位二进制同步计数器

在 $CP_U=1$,CP_D 有上升沿脉冲输入时,实现同步二进制减法计数。

(4) 在计数状态下($CR=1$,$\overline{LD}=0$,$CP_D=1$ 时)CP_U 输入脉冲,进行加法计数,仅当计数到 $Q_D \sim Q_A$ 全 1 时,且 CP_U 为低电平时,进位 $\overline{CO}$ 输出为高电平;减法计数时($CP_U=1$,CP_D 为脉冲输入,$CR=0$,$\overline{LD}=0$),仅当 $Q_D \sim Q_A$ 全 0 时,且 CP_D 为低电平时,借位 $\overline{BO}$ 输出为高电平。

表 3.5.1　74LS161 的功能表

功能	输入									输出			
	$\overline{CR}$	$\overline{LD}$	CT_P	CT_T	CP	D_3	D_2	D_1	D_0	Q_3^{n+1}	Q_2^{n+1}	Q_1^{n+1}	Q_0^{n+1}
清零	0	×	×	×	×	×	×	×	×	0	0	0	0
置数	1	0	×	×	↑	d_3	d_2	d_1	d_0	d_3	d_2	d_1	d_0
计数保持	1	1	1	1	↑	×	×	×	×	计数 保持			
	1	1	0	×	×	×	×	×	×				
	1	1	×	0	×	×	×	×	×				

注：$CO = CT_T \cdot Q_3 \cdot Q_2 \cdot Q_1 \cdot Q_0$。

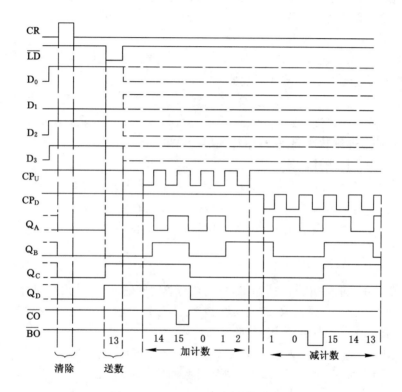

图 3.5.6　74LS193 逻辑功能波形图

74LS193 外引脚排列图见图 3.5.7 所示。

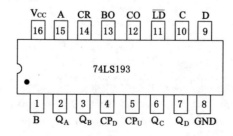

图 3.5.7　74LS193 外引脚排列图

五、实验内容步骤

1. 异步二进制加法计数器

（1）在实验箱中选四个 JK 触发器，（也可自行插入两片 74LS112 双 JK 触发器）按图 3.5.1(a)接线。

（2）其中 CP 接单次脉冲（或连续脉冲），R 端接实验箱上的逻辑开关。

（3）接通实验系统（箱）电源，先按逻辑开关（逻辑开关平时处于 1，LED 灯亮，按下为 0，LED 灯灭，再松开开关，恢复至原位处于 1，LED 灯亮），计数器清零。

（4）按动单次脉冲（即输入 CP 脉冲），计数器按二进制工作方式工作。这时 Q_3、Q_2、Q_1、Q_0 的状态应和图 3.5.1(b)一致。如不一致，则说明电路有问题或接线有误，需重新排除错误后，再进行实验论证。

2. 异步二进制减法计数器

（1）按图 3.5.2(a)接线。实际上，只要把异步二进制加法计数器的输出脉冲引线由 Q 端换成 $\overline{Q}$ 端，即为异步二进制减法计数器。

（2）输入单次脉冲 CP，观察输出 Q_3、Q_2、Q_1、Q_0 的状态是否和图 3.5.2(b)一致。

（3）将 CP 脉冲连线接至连续脉冲输出（注意，必须先断开与单次脉冲连线，再接到连续脉冲输出上），调节连续脉冲旋钮，观察计数器的输出。

3. 用 D 触发器构成计数器

（1）按图 3.5.3 接线，即为 4 位二进制（十六进制）异步加法计数器，验证方法同上。从本实验可发现，用 D 触发器构成的二进制计数器与 JK 触发器构成的二进制计数器的接线（即电路连接）不一样，原因是 74LS74 双 D 触发器为上升沿触发，而 74LS112 双 JK 触发器为下降沿触发。

（2）构成十进制异步计数器

在图 3.5.3 中，将 Q_3 和 Q_1 两输出端，接至与非门的输入端，输出端接计数器的四个清零端 $\overline{R}_d$。图中虚线所示（原来 $\overline{R}_d$ 接复位按钮 K_5 的导线应断开）。按动单次脉冲输入，就可发现其逻辑功能为十进制（8421 码）计数器。

若要构成十二进制或十四进制计数器，则只需将 Q_3、Q_2、Q_1 进行不同组合即可。图 3.5.8 所示为十进制、十二进制、十四进制计数器反馈接线图。

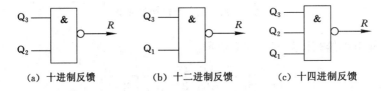

（a）十进制反馈　　　　（b）十二进制反馈　　　　（c）十四进制反馈

图 3.5.8　十、十二、十四进制计数器反馈接线图

4. 集成计数器 74LS161 的功能验证和应用

（1）将 74LS161 芯片插入实验箱 IC 空插座中，按图 3.5.9 接线。16 脚接电源 +5 V，8 脚接地，D_0、D_1、D_2、D_3 接四位数据开关，Q_0、Q_1、Q_2、Q_3、CO 接五只 LED 发光二极管，置数控端 $\overline{LD}$，清零端 $\overline{CR}$，分别接逻辑开关 K_1、K_2、CT_P、CT_T 分别接另两只逻辑开关 K_3、K_4，CP 接单次脉冲。

接线完毕，接通电源，进行 74LS161 功能验证。

① 清零:拨动逻辑开关 $K_2 = 0$(CR=0),则输出 $Q_0 \sim Q_3$ 全为 0,即 LED 全灭。

② 置数:设数据开关 $D_3 D_2 D_1 D_0 = 1010$,再拨动逻辑开关 $K_1 = 0$,$K_2 = 1$(即 $\overline{LD} = 1$,$\overline{CR} = 1$),按动单次脉冲(应在上升沿时),输出 $Q_3 Q_2 Q_1 Q_0 = 1010$,即 $D_3 \sim D_0$ 数据并行置入计数中,若数据正确,再设置 $D_3 \sim D_0$ 为 0111,输入单次脉冲,观察输出是否正确($Q_3 \sim Q_0 = 0111$)。如不正确,则找出原因。

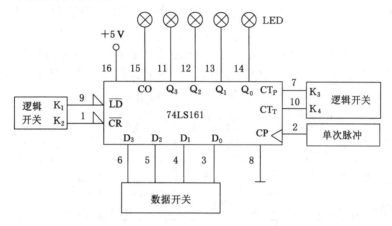

图 3.5.9　74LS161 实验论证接线图

③ 保持功能:置 $K_1 = K_2 = 1$(即 $\overline{CR} = \overline{LD} = 0$),$K_3$ 或 $K_4 = 0$(即 $CT_T = 0$ 或 $CT_P = 0$),则计数保持,此时若按动单次脉冲输入 CP,计数器输出 $Q_3 \sim Q_0$ 不变(即 LED 状态不变)。

④ 计数:置 $K_1 = K_2 = 1$($\overline{CR} = \overline{LD} = 1$),$K_3 = K_4 = 1$($CT_P = CT_T = 1$),则 74LS161 处于加法计数器状态。此时,可按动单次脉冲输入 CP,LED 显示十六进制计数状态,即从 0000→0001→…→1111 进行顺序计数,当计到计数器全为 1111 时,进位输出 LED 发光二极管亮(即 $CO = 1$,$CO = G \cdot Q_3 \cdot Q_2 \cdot Q_1 \cdot Q_0$)。

将 CP 接到单次脉冲的导线切断,连至连续脉冲输出端,这时可看到二进制计数器连续翻转的情况。

(2) 十进制计数也可用 74LS161 方便地实现。将 Q_3 和 Q_1 通过与非门反馈后接到 $\overline{CR}$ 端,如图 3.5.10(a)所示。利用此法,74LS161 可以构成小于模 16 的任意进制计数器。

此外,还可利用另一控制端 LD 把 74LS161 设计成十进制计数器,如图 3.5.10(b)所示。

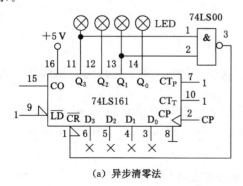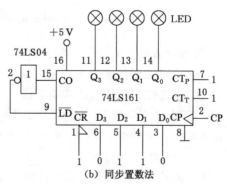

(a) 异步清零法　　　　　　　　　　(b) 同步置数法

图 3.5.10　74LS161 构成十进制计数器接线图

同步置数法,就是利用 $\overline{\text{LD}}$ 这一端给一个零信号,使数据 $D_3D_2D_1D_0$ ="0110"这个数并行置入计数器中,然后以 6 为基值向上计数直至 15(共十个状态),即 0110→0111→1000→1001→1010→1011→1100→1101→1110→1111。所以利用 15="1111"状态 CO 为 1 的特点,反相后接到 $\overline{\text{LD}}$,而完成十进制计数器这一功能。同样道理,也可以从 0、1、2 等数值开始,再取中间十个状态为计数状态,取最终状态的"1"信号相与非后,作为 LD 的控制信号,就可完成十进制计数器。例如若 $D_3D_2D_1D_0$ ="0000"=0 则计到 9;若 $D_3D_2D_1D_0$ ="0001"=1 则计到 10 等。

(3) 用 2 片或 3 片 74LS161 完成更多位数的计数器,实验电路见图 3.5.11 和图 3.5.12。其中图 3.5.11 为两片 74LS161 构成 174 进制计数器的两种接法。图 3.5.12 为三片构成 4096 进制计数器的两种接法。按图 3.5.11 和图 3.5.12 分别进行实验论证。

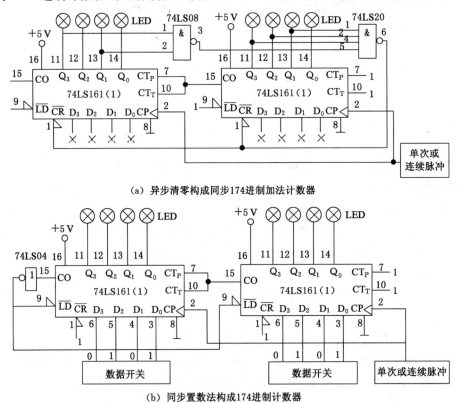

(a) 异步清零构成同步174进制加法计数器

(b) 同步置数法构成174进制计数器

图 3.5.11　两片 74LS161 构成的 174 进制计数器的实验电路图

5. 集成计数器 74LS193 的功能验证

74LS193 计数器的使用方法和 74LS161 很相似。图 3.5.13 为其实验接线图。按图 3.5.13 接线,进行 74LS193 的功能验证。

(1) 清零:74LS193 的 CR 端与 74LS161 不同,它是"1"信号起作用,即 CR=1 时,74LS193 清零。实验时,将 CR 置 1,观察输出 Q_D、Q_C、Q_B、Q_A 的状态,并和逻辑功能图比较。

(2) 计数:74LS193 可以加、减计数。在计数状态时,即 CR=1,$\overline{\text{LD}}$ =0,CP_D =1 时,CP_U 输入脉冲,为加减计数器;CP_U =1,CP_D 输入脉冲,计数器为减法计数器。

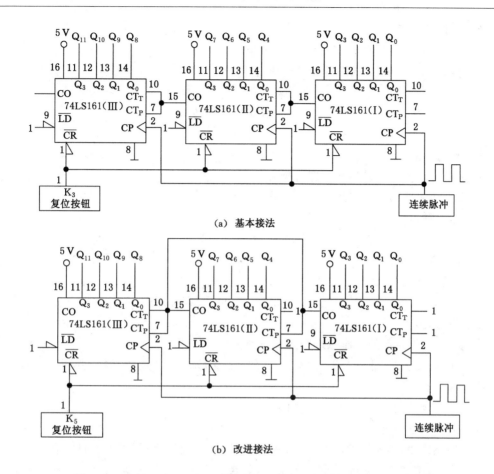

图 3.5.12 用三片 74LS161 构成的 4096 进制计数器的两种实验电路

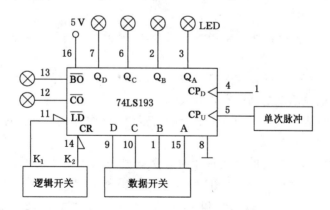

图 3.5.13 74LS193 实验论证接线图

（3）置数：$CR=0$，置数据开关为任一二进制数（如 0111），拨动逻辑开关 $K_1=0$（$\overline{LD}=0$）则数据 D、C、B、A 已送入 $Q_D \sim Q_A$ 中。

（4）用 74LS193 也可实现任意进制计数器，这里不再一一实验了。读者可以试做一下其他几个任意进制的计数器。

六、实验报告要求

1. 整理实验电路,画出时序状态图和波形图。

2. 总结 74LS161 二进制计数器的功能和特点。

实验 3.6　计数、译码与显示

一、实验目的

1. 进一步掌握中规模集成电路计数器的应用。

2. 掌握译码驱动器的工作原理及其应用方法。

二、实验器材

1. XK 系列数字电子技术实验系统,1 台。

2. 直流稳压电源,1 台。

3. 集成电路:74LS290、74LS248,各 2 片。

4. 显示器:LC5011-11 共阴数码管,2 个;CL002 译码显示器,2 个。

三、预习要求

1. 复习译码、显示的工作原理和逻辑电路图。

2. 查阅有关手册,熟悉 74LS248、LC5011-11 及 CL002 的逻辑功能,并对其他译码、显示产品有所了解。

3. 复习计数器的逻辑功能及电路构成。

四、实验原理和电路

在数字系统中,经常需要将数字、文字和符号的二进制编码翻译成人们习惯的形式直观地显示出来,以便查看。显示器的产品很多,如荧光数码管、半导体、显示器、液晶显示和辉光数码管等。数显的显示方式一般有三种,一是重叠式显示,二是点阵式显示,三是分段式显示。

重叠式显示:是将不同的字符电极重叠起来,要显示某字符,只需使相应的电极发亮即可,如荧光数码管。

点阵式显示:利用一定的规律进行排列、组合,显示不同的数字。例如火车站里显示列车车次、始发时间的显示就是利用点阵方式。

分段式显示:数码由分布在同一平面上的若干段发光的笔划组成。如电子手表、数字电子钟的显示就是用分段式显示。

本实验中,我们选用常用的共阴极半导体数码管及其译码驱动器,它们的型号分别为 LC5011-11 共阴数码管,74LS248 BCD 码 4-7 段译码驱动器。译码驱动器显示原理如图 3.6.1 所示。LC5011-11 共阴数码管和 74LS248 译码驱动器管脚排列如图 3.6.2 所示。

LC5011-11 共阴数码管其内部实际上是一个八段发光二极管负极连在一起的电路,如图 3.6.3(a)所示。当在 a、b、…、g、DP 段加上正向电压时,发光二极管点亮。如显示二进制数 0101(即十进制数 5),使显示器的 a、f、g、c、d 段加上高

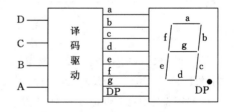

图 3.6.1　译码驱动器显示原理图

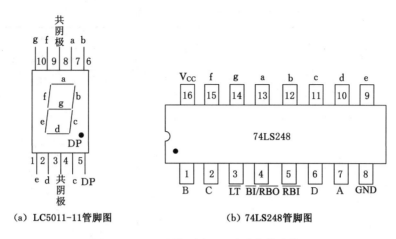

（a）LC5011-11管脚图　　　　　（b）74LS248管脚图

图 3.6.2　显示器和译码驱动器外管脚排列

电平即可。同理,共阳极显示应在各段加上低电平,各段点亮,如图 3.6.3(b)所示。

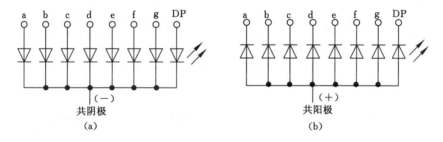

图 3.6.3　半导体数码管显示器内部原理图

　　74LS248 是 4-7 线译码器/驱动器。其逻辑功能见表 3.6.1。它的基本输入信号是 4 位二进制数(也可以是 8421 BCD 码),D、C、B、A,基本输出信号有七个:a、b、c、d、e、f、g。用 74LS248 驱动 LC5011-11 数码管的基本接法如图 3.6.4 所示。当输入信号为从 0000～1111 十六种不同状态时,其相应的显示字形见表 3.6.1。

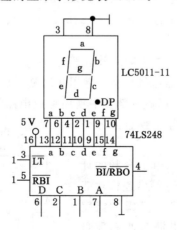

图 3.6.4　74LS248 驱动 LC5011-11 数码管

表 3.6.1　74LS248 逻辑功能表

十进制或功能	输入						$\overline{BI}/RBO$	输出						
	$\overline{LT}$	$\overline{RBI}$	D	C	B	A		a	b	c	d	e	f	g
0	1	1	0	0	0	0	1	1	1	1	1	1	1	0
1	1	×	0	0	0	1	1	0	1	1	0	0	0	0
2	1	×	0	0	1	0	1	1	1	0	1	1	0	1
3	1	×	0	0	1	1	1	1	1	1	1	0	0	1
4	1	×	0	1	0	0	1	0	1	1	0	0	1	1
5	1	×	0	1	0	1	1	1	0	1	1	0	1	1
6	1	×	0	1	1	0	1	1	0	1	1	1	1	1
7	1	×	0	1	1	1	1	1	1	1	0	0	0	0
8	1	×	1	0	0	0	1	1	1	1	1	1	1	1
9	1	×	1	0	0	1	1	1	1	1	1	0	1	1
10	1	×	1	0	1	0	1	0	0	0	1	1	0	1
11	1	×	1	0	1	1	1	0	0	1	1	0	0	1
12	1	×	1	1	0	0	1	0	1	0	0	0	1	1
13	1	×	1	1	0	1	1	1	0	0	1	0	1	1
14	1	×	1	1	1	0	1	0	0	0	1	1	1	1
15	1	×	1	1	1	1	1	0	0	0	0	0	0	0
灭灯	×	×	×	×	×	×	0（入）	0	0	0	0	0	0	0
灭零	1	0	0	0	0	0	0	0	0	0	0	0	0	0
灯测试	0	×	×	×	×	×	1	1	1	1	1	1	1	1

　　从表 3.6.1 中可以看出，除了上述基本输入和输出外还有几个辅助输入、输出端，其辅助功能如下。

　　（1）灭灯功能：只要 $\overline{BI}/RBO$ 置入 0，则无论其他输入处于何状态，a～g 各段均为 0，显示器此时为整体不亮。

　　（2）灭零功能：当 $\overline{LT}=1$ 且 $\overline{BI}/RBO$ 作输出，不输入低电平时，如果 $\overline{RBI}=1$ 时，则在 D、C、B、A 的所有组合下，仍然都是正常显示。如果 $\overline{RBI}=0$ 时，DCBA≠0000 时仍正常显示，当 DCBA=0000 时，不再显示 0 的字形，而是 a、b、c、d、e、f、g 各段输出全为 0。与此同时，RBO 输出为低电平。

　　（3）灯测试功能：在 $\overline{BI}/RBO$ 端不输入低电平的前提下，当 $\overline{LT}=0$ 时，则无论其他输入处于何状态，a～g 段均为 1，显示器这时全亮。常用此法测试显示器的好坏。

　　在计数器电路实验中，我们已做过部分中规模集成电路计数器的实验论证。这里我们选用 74LS290 集成计数器作为计数器部分来进行本实验显示的前级部分。

　　74LS290 是包含一个二分频和五分频的计数器，其外引脚排列如图 3.6.5 所示，逻辑功能见表 3.6.2。74LS90 和 74LS290 逻辑功能完全一样，所不同的是 74LS90 电源为非标准管脚，而 74LS290 则为标准电源，即 14 脚为电源正极，7 脚为负极。

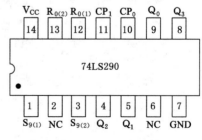

图 3.6.5　74LS290 外引脚排列

表 3.6.2　74LS290 逻辑功能

输入					输出			
$R_{0(1)}$	$R_{0(2)}$	$S_{9(1)}$	$S_{9(2)}$	CP	Q_3	Q_2	Q_1	Q_0
1	1	0	×	×	0	0	0	0
1	1	×	0	×	0	0	0	0
×	×	1	1	×	1	0	0	1
×	0	×	0	↓	计数			
0	×	0	×	↓	计数			
0	×	×	0	↓	计数			
×	0	0	×	↓	计数			

由表 3.6.2 可知,74LS290 具有清零、置数及计数的功能。当 $S_{9(1)} = S_{9(2)} = 1$ 时,就置成 $Q_3Q_2Q_1Q_0 = 1001$,置数;当 $R_{0(1)} = R_{0(2)} = 1$,$S_{9(1)} = 0$,或 $S_{9(2)} = 0$ 时,$Q_3Q_2Q_1Q_0 = 0000$,清零。当 $S_{9(1)} \cdot S_{9(2)} = 0$ 和 $R_{0(1)} \cdot R_{0(2)} = 0$ 同时满足的前提下,可在 CP 下降沿作为下实现加法计数器。例如,构成 8421 BCD 码十进制计数器,其接法如图 3.6.6 所示。图中 $S_{9(1)}$ 和 $S_{9(2)}$ 中至少一个输入 0,$R_{0(1)}$ 和 $R_{0(2)}$ 中至少一个输入 0;计数脉冲从 CP_0 端输入,下降沿触发,实现模 2 计数($M_1 = 2$),从 Q_0 输出;将 Q_0 连至 CP_1,于是由 Q_3、Q_2、Q_1 构成对 CP_1 进行模 5 计数($M_2 = 5$)。这样,构成的计数器为模 $M = M_1 \times M_2 = 10$ 的计数器。如果我们把计数器的输出接到译码管、显示器,就构成了计数、译码显示器。

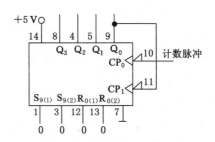

图 3.6.6　用 74LS290 构成 8421 码十进制计数器

随着集成电子技术制造业的发展,目前有一种集计数、译码/驱动、显示或集译码/驱动显示为一体的集成组合器件,称为 CL 系列集成显示器。例如 CL102 的四合一产品,CL002 为三合一产品。这里,我们选用 CL002 三合一译码显示器进行实验论证。

图 3.6.7 为 CL002 的原理框图和外引脚图,它的逻辑功能见表 3.6.3。

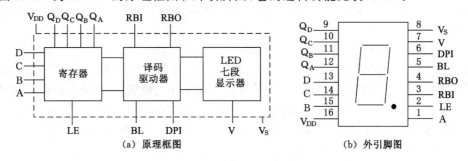

（a）原理框图　　　　　　　　（b）外引脚图

图 3.6.7　CL002 的原理框图和外引脚图

表 3.6.3　CL002 逻辑功能

输入状态		功能
LE	1	寄存
	0	送数
BL	1	消隐
	0	显示
RBI	0	灭 0 显示
DPI	0	
DPI	1	DP 显示
	0	DP 消隐

由表 3.6.3 可知,CL002 有寄存、送数、显示、消隐等多种功能,CL002 的各端口功能说明如下。

BL:数字灯熄灭及显示状态控制端,在多位数中可用于位扫描显示控制。

RBI:多位数字中无效零值的熄灭控制输入端。

RBO:多位数字中无效零值的熄灭控制信号输出端,用于控制下位数字的无效零值熄火。该值为"无效零熄火"工作状态输出为 0 电平,否则为 1 电平。

DPI:小数点显示及熄灭控制端。

LE:BCD 码信息输入控制端,用于控制计数器 BCD 码向寄存器传送。

Q_A、Q_B、Q_C、Q_D 为寄存器 BCD 码信息输出,可用于整机信息寄存及处理。

V:LED 显示管公共负极,可用于微调数码管显示亮度。

V_D:电源正极,推荐工作电压为 $V_D = +5$ V。

V_S:电源地端。

五、实验内容及步骤

1. 译码显示

先把共阴极数码管 LC5011-11 和 4—7 线译码驱动器 74LS248 芯片插入实验系统中。

按图 3.6.4 接线,其中 $\overline{LT}$、$\overline{RBI}$ 接逻辑开关,D、C、B、A 接 8421 码拨码开关,a、b、c、d、e、f、g 七段分别接显示器对应的各段。地线、电源线接好后,若接线无误,接通电源,开始实验论证。

(1) $\overline{LT}=1$,其余状态为任意态,这时 LED 数码管全亮。

(2) 再用一根导线把 0 电平接到 $\overline{BI}/\overline{RBO}$ 端,这时数码管全灭,不显示,这说明译码显示是好的。

(3) 断开 $\overline{BI}/\overline{RBO}$ 与 0 电平相连的导线,使 $\overline{BI}/\overline{RBO}$ 悬空。且使 $\overline{LT}=0$,这时按动 8421 码拨码开关,输入 D、C、B、A 四位 8421 码二进制数,显示器就显示相应的十进制数。

(4) 在(3)步骤后,仍使 $\overline{LT}=0$,$\overline{BI}/\overline{RBO}$ 接 LED 发光二极管,此时若 $\overline{RBI}=0$,按动拨码开关,显示器正常工作。若 $\overline{RBI}=1$,拨动拨码开关,8421 码输出为 0000 时,显示器全灭,这时 $\overline{BI}/\overline{RBO}$ 端输出为低电平,即 LED 发光二极管灭。这就是"灭零"功能。

2. 计数译码显示

(1) 按图 3.6.6 用 74LS290 搭试十进制计数器电路,Q_3、Q_2、Q_1、Q_0 分别接实验箱中译

码显示(也可用上述实验用的译码显示电路)。$R_{0(1)}$、$R_{0(2)}$、$S_{9(1)}$、$S_{9(2)}$ 全部接 0,CP_0 接单次脉冲,Q_0 接 CP_1,16 和 8 脚接电源"＋"和"－"。

接线完毕,接通电源,输入单次脉冲,观察显示器状态,并记录结果。

(2) 用两片 74LS290 组成 100 进制计数器,译码显示则用二位,其实验接线图如图 3.6.8 所示。

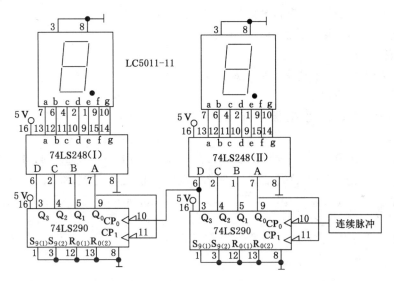

图 3.6.8 二位计数译码显示器实验接线图

按图 3.6.8 接线,CP 接连续脉冲,其余方法同上。译码显示部分可用实验系统中已有的,也可用 74LS248 和 LC5011-11 自己组合,也可用 CL002 三合一集成译码/驱动显示。CL002 译码显示接线图如图 3.6.9(一位显示)所示。

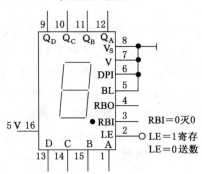

图 3.6.9 CL002 译码显示接线图

六、实验报告要求

1. 整理实验电路,画出计数器的波形图。

2. 设计一个秒、分时钟计数、译码显示电路,并选择元件,画出逻辑电路图。

实验 3.7　脉冲的产生与整形

一、实验目的

1. 掌握 TTL 与非门多谐振器的电路及工作原理。

2. 熟悉单稳态触发器、史密特触发器的工作原理。

3. 熟悉石英晶体振荡器及其分频电路。

二、实验器材

1. XK 系列数字电子技术实验系统，1 台。

2. 直流稳压电源，1 台。

3. 双踪示波器、信号发生器，各 1 台。

4. 万用表，1 个。

5. 集成电路：CD4060、CD4093、74LS112、74LS122、74LS00、74LS04，各 1 个。

6. 元器件：电阻 200 Ω、100 Ω、1 MΩ、22 MΩ，各 1 个；电位器 10 kΩ、47 kΩ、47 kΩ，各 1 个；电容 20 pF、0～50 pF、0.01 μF、0.001 μF、10 μF/16 V、100 μF/16 V，各 1 个。

7. 晶振：32 768 Hz，1 个。

三、预习要求

1. 复习 TTL 与非门多谐振荡器的电路组成及其工作原理。

2. 复习晶振电路及其分频电路的工作原理。

3. 掌握微分、积分单稳电路的特点以及常用中规模单稳态集成触发器的逻辑功能和特点。

4. 掌握史密特触发器的作用。

四、实验原理和电路

在数字系统中，常需要各种不同频率的脉冲信号，或者需要一定宽度和幅度的脉冲信号来完成各种不同的控制要求。那么，如何获得各种不同频率的脉冲和不同宽度的脉冲呢？通常有两种方法：一是自激的脉冲振荡器，它们不需要外界的输入信号，只要加上直流电源，就可以自动产生矩形脉冲。另一种是脉冲整形电路，它们并不能自动地产生脉冲信号，但却可以把其他形状的信号（包括正弦信号或脉冲电路）变换成矩形脉冲波。在脉冲振荡器中，常用门电路组成多谐振荡器、环形振荡器和石英振荡器。在脉冲整形电路中，主要有单稳态触发器和史密特触发器。对于目前使用较多的集成定时器（如 555）将在下一个实验中进行介绍。

1. TTL 与非门多谐振荡器

多谐振荡器的基本电路如图 3.7.1 所示。它由两个与非门和一对 R、C 定时元件组成，其中 $R_1 = R_2$，$C_1 = C_2$，V_K 是控制信号。$V_K = 1$，振荡器振荡；$V_K = 0$，振荡器停振。

接通电源后，门 1 和门 2 都工作在放大区，此时只要有一点干扰，就会引起振荡。如干扰信号使 A 点电位略有上升，就会发生以下正反馈过程：

$$V_A \uparrow \rightarrow \overline{V_D \downarrow \rightarrow V_B \downarrow} \rightarrow V_E \uparrow$$

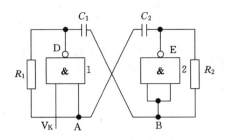

图 3.7.1　TTL 与非门组成的多谐振荡器

从而使门 1 迅速饱和导通,门 2 迅速截止,电路进入一个暂稳态。同时,电容 C_1 开始充电,C_2 开始放电;随着时间的推移,C_1 不断充电,C_2 不断放电,而使 V_B 上升,V_A 下降(V_A、V_B 均按指数规律升、降)。由于电容 C_1 有两个电流充电,使 B 点先到阈值电压 1.4 V,从而引起下面正反馈过程:

$$V_B \uparrow \rightarrow V_E \downarrow \rightarrow V_A \downarrow \rightarrow V_D \uparrow$$

因而门 1 迅速截止,门 2 迅速导通,电路进入另一个暂稳状态。此时 C_2 充电,C_1 放电,随着时间的推移,A 点电位会较快地升高到阈值电压 1.4 V,并引起下次正反馈过程,使电路重新回到门 1 导通、门 2 截止的暂稳状态。于是,电路将不停地振荡。由理论推导可知,其振荡周期为

$$T = 2t_w = 2 \times 0.7RC = 1.4RC$$

2. TTL 与非门环形多谐振荡器

环形振荡器电路如图 3.7.2 所示,它由三个与非门(或反相器)和电阻 R、电容 C 组成。

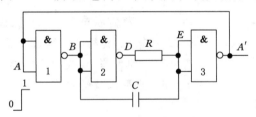

图 3.7.2　环形振荡器电路

设 A 点电位由 0 到 1,即 $A=1$,则 B 点电位从 1 到 0,D 则为 1,E 点电位随 B 点电位下降而下跳到 0,即 $E=0$,这是电路的一个暂稳态,由于 $D=1$,有电流自 D 经电阻 R 到 E 点,再经电容 C 到 B 点对电容 C 充电,使 E 点电位按指数规率上升。当 E 点电位上升到门 3 的阈值电压时,门 3 翻转,从原来的截止变成导通状态,这样 $A'=A=0$。由于 A 从 $1 \rightarrow 0$,则 B 点从 $0 \rightarrow 1$,D 点从 $1 \rightarrow 0$,E 点电位随 B 点变化而由 $0 \rightarrow 1$,这是电路的另一个暂稳态。此后,有电流自 B 点经电容 C 到 E 点,再经 R 到 D 点对电容 C 反向充电,使 E 点电位按指数规律下降。当 E 点电压下降到门 3 阈值电压,门 3 翻转,$A'=A=1$,恢复到原来的暂稳态。如此下去,电路将不停地振荡,产生矩形波。由理论推导可知,振荡周期 $T=2.3RC$,实际可调频率的环形振荡器电路如图 3.7.3 所示。

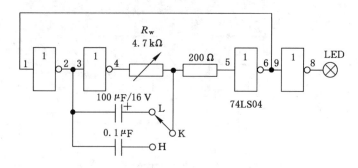

图 3.7.3　可调频率环形振荡器电路

3. 石英晶体多谐振荡器

TTL 或 CMOS 门电路构成的多谐振荡器通常在频率稳定度和准确度不高的情况下使用。而有些场合,对频率稳定度和准确度要求极高,需要不受环境温度因素影响而变化。因此,就需采用稳定度、准确度较高的石英晶体组成多谐振荡器,其电路如图 3.7.4 所示。

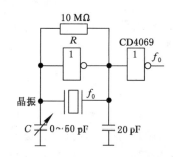

图 3.7.4　石英晶体多谐振荡器电路

图 3.7.4 为 CMOS 石英晶体多谐振荡器(TTL 石英晶体振荡器在此不多叙述,具体电路图见有关参考书)。由石英晶体频率特性可知,只有当信号频率为 f_0 时,石英晶体的等效电阻阻抗最小,信号最容易通过,所以这种电路的振荡频率只决定于晶体本身的谐振频率 f_0,而与电路中 R、C 的数值无关。例如 f_0 为 32 768 Hz,则经过 15 级二分频后可得 1 Hz 的脉冲。

4. 单稳态触发器

单稳触发器有三个特点:第一,它有一个稳定状态和一个暂稳状态;第二,在外来脉冲的作用下,能够由稳定状态翻转到暂稳状态;第三,暂稳状态维持一段时间以后,将自动返回到稳定状态,而暂稳状态时间的长短与触发脉冲无关,仅决定于电路本身的参数,单稳态触发器在数字系统控制装置中,一般用于定时、整形以及延时等。

(1) 微分单稳电路

由两个 TTL 与非门和 RC 微分电路组成的微分型单稳态触发器如图 3.7.5(a)所示。

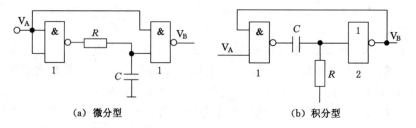

（a）微分型　　　　　　　　　　　（b）积分型

图 3.7.5　单稳态触发器

微分型单稳态触发器具有脉宽扩展的功能,根据理论推导可得输出波形的脉宽为:$t_w \approx 0.8RC$。其波形图如图 3.7.5(a)所示。

（2）积分型单稳态电路

只要把微分型电路的 R、C 相互对换，电路就成为积分型单稳态触发器，电路如图 3.7.5(b) 所示。其功能主要是把宽脉冲变成窄脉冲，电路波形图如图 3.7.6(b) 所示，输出脉宽的宽度 $t_w \approx 1.1RC$。

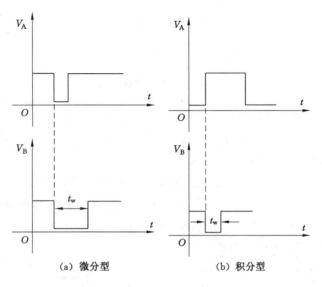

(a) 微分型　　　　　　　(b) 积分型

图 3.7.6　单稳态触发器的波形图

（3）集成单稳态触发器单片集成单稳态触发器应用越来越广泛。这里，我们介绍中规模单稳态触发器(也称单稳多谐振荡器)74LS122。74LS122 的功能见表 3.7.1，外引脚排列图如图 3.7.7 所示。

表 3.7.1　74LS122 功能表

输入					输出	
$\overline{R}$	A_1	A_2	B_1	B_2	Q	$\overline{Q}$
0	×	×	×	×	0	1
×	1	1	×	×	0	1
×	×	×	0	×	0	1
×	×	×	×	0	0	1
1	0	×	↑	1	⊓	⊔
1	0	×	1	↑	⊓	⊔
1	×	0	↑	1	⊓	⊔
1	×	0	1	↑	⊓	⊔
1	1	↓	1	1	⊓	⊔
1	↓	↓	1	1	⊓	⊔
1	↓	1	1	1	⊓	⊔
↑	0	×	1	1	⊓	⊔
↑	×	0	1	1	⊓	⊔

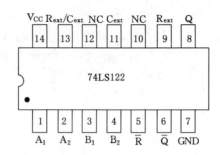

图 3.7.7　74LS122 外引脚图

74LS122 是可再重触发的单稳态多谐振荡器,它有四个触发输入端 A_1、A_2、B_1、B_2,一个清零复位端 R,两个输出 Q 和 $\overline{Q}$。74LS122 的输出脉冲宽度 t_w 有三种方式进行控制。

一是基本脉冲时间,可通过外接定时元件电容 C 和电阻 R 来确定。在使用中,外部定时电容 C 可以接在 C_{ext} 和 R_{ext}/C_{ext} 之间。如采用内部计时电阻,可将 R_{ext} 直接接到 V_{cc},如图 3.7.8(a)所示,如不用内部计时电阻而用外部的,则可把电阻或电阻器接到 R_{ext}/C_{ext} 端和 V_{cc} 之间,并把 R_{ext} 开路,如图 3.7.8(b)所示。

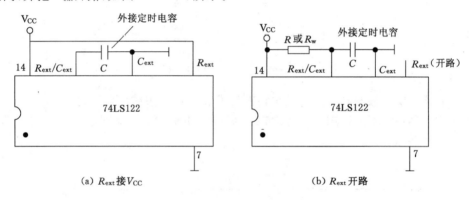

图 3.7.8　74LS122 R、C 的外接图

第二种办法是通过 A、B 输入端进行控制。单稳电路一旦触发以后,基本脉冲宽度可以通过可重触发的低电平有效(A 输入端)或高电平有效(B 输入端)的选通输入而得到扩展。如图 3.7.9(a)所示,$t'_w > t_w$。

第三种办法是通过 R 端复位进行控制。单稳态电路一旦触发以后,基本脉冲宽度可以用 R 提前清除来缩小脉冲宽度,如图 3.7.9(b)所示,$t'_w < t_w$。

单稳电路的输出脉冲宽度 t_w 由外接电容 C 和外接电阻 R 决定,当 74LS122 外接电容 $C > 1\,000$ pF 时,其输出脉宽为:$t_w \approx 0.45RC$。为了获得最好的效果,C_{ext} 端应接地。如图 3.7.9 中虚线所示。

5. 史密特触发器

史密特触发器用途较多,可用作脉冲发生器、波形整形、幅度鉴别、脉冲展宽等。它的电路有用门电路构成的,也有专用的集成史密特触发器电路。其工作特点:一是电路有两个稳态;二是电路状态的翻转依赖于外触发信号电平来维持,一旦外触发信号幅度下降到一定电平,电路立即恢复到初始稳定状态。

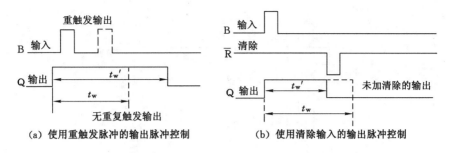

图 3.7.9　74LS112 脉冲输出宽度控制

由两个 CMOS 反相器和两个电阻构成的史密特触发器电路如图 3.7.10(a)所示,若在 A 点输入三角波,则其输出波形如图 3.7.10(b)所示。工作原理在此不作叙述,读者可参考有关教材和资料。

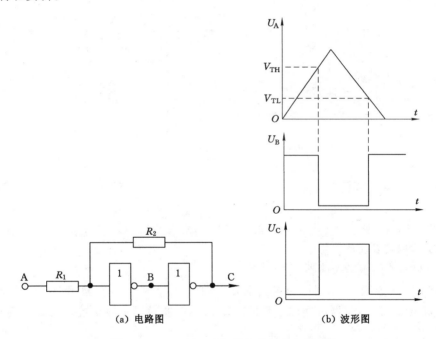

图 3.7.10　CMOS 反相器组成的史密特电路

集成史密特触发器以其性能好、触发电平稳定的特点而得到广泛应用。例如 CMOS 集成触发器 CD4093 2 输入器与非门史密特触发器可用作脉冲延时、单稳、脉冲展宽、压控振荡器、整形、多谐振荡器等。CD4093 外引脚如图 3.7.11 所示,图 3.7.12 为其多谐振荡器的电路图和波形图。

从图 3.7.12(a)中看出,当电源接通时,因电容 C 两端初始电压为零,即 $V_1 = 0$,则电路输出 $V_0 = 1$ 是高电平,此时有电流经电阻 R 向电容 C 充电,使 V_1 上升到阈值电压 V_{TH} 时,电路迅速翻转。输出 $V_0 = 0$,这样电容 C 经电阻 R 再向输出端放电,当 V_1 下降到门的阈值电压 V_{TL} 时,电路再次翻转。这样,周而复始不停地振荡,电路就有矩形波输出,如图 3.7.12(b)所示。其振荡频率可通过改变 R 和 C 的大小来调节。

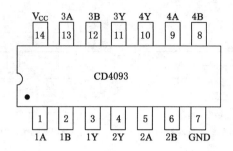

图 3.7.11　CD4093 外引脚图

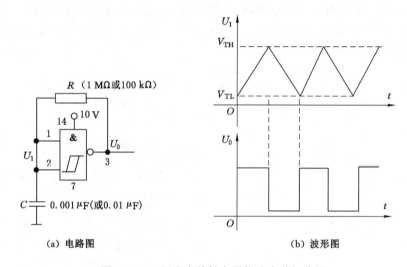

(a) 电路图　　　　　　　(b) 波形图

图 3.7.12　用史密特触发器构成多谐振荡器

五、实验内容及步骤

1. TTL 与非门多谐振荡器

按图 3.7.13 连线,反相器可用实验系统上的,也可自己插入实验箱中。电容选用 100 μF/16 V 和 0.1 μF,电位器可选用 4.7 kΩ 或 2.2 kΩ,振荡器的输出接发光二极管 LED。

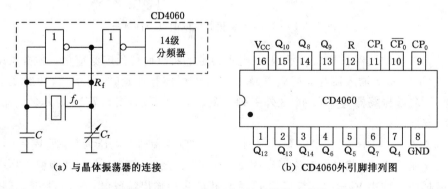

(a) 与晶体振荡器的连接　　　　　(b) CD4060外引脚排列图

图 3.7.13　CD4060 的应用连接及其外引脚排列图

接通电源,将 100 μF 电容接入电路中,电位器阻值调至最大,这时振荡器频率很低,可通过 LED 观察其输出情况。将 R_w 电位器阻值逐渐减小,可发现发光二极管闪耀速度变快,这时,振荡频率变快。若输出接示波器,可测出其波形和周期。

改变电容,从 100 μF 变为 0.1 μF,再进行上述实验,这时频率明显变快,从示波器上可以发现,通过改变电阻,可改变脉冲振荡频率。

2. 石英晶体振荡器

把石英晶体振荡器(32 768 Hz)、电阻、电容及 CD4060 IC 电路插入实验系统中。其中 CD4060 为 14 位二进制串行计数器/分频器,但输出只有 10 个引出端,其管脚排列及与晶体振荡器的连接如图 3.7.13 所示。由于 CD4060 内部已有反相器,因此我们可用晶体振荡器直接接其反相器的输入/输出端,再加上电阻、电容,就会有稳定的频率从 CD4060 各有关输出端输出,如图 3.7.14 所示。

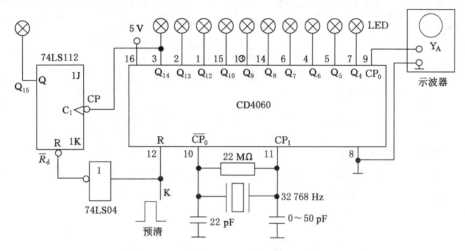

图 3.7.14 石英晶体振荡器分频实验连接图

按图 3.7.14 把石英晶体振荡器(32 768 Hz)与电阻、电容相连,R 接逻辑开关,R=1,清 0。输出端 Q_{14},Q_{13},$\cdots$,Q_5,Q_4 分别接 10 个发光二极管,CP_0 接示波器。

接通电源,晶体振荡器振荡,这时可用示波器观测到其波形和周期(频率),10 个输出 $Q_4 \sim Q_{14}$ 为 2^n 次分频,若 Q_{14} 再次分频,见图 3.7.14 中 Q_4 接 JK 触发器的 CP,那么触发器输出 Q(设 Q_{15})的频率为 1 Hz。实验者通过发光二极管 LED 和示波器分别测 CP_0,Q_4,$\cdots$,Q_{11},Q_{12},Q_{13},Q_{14},Q_{15} 各点,就很容易观察到这一情况。

3. 单稳态触发器

(1) 微分、积分型单稳态触发器

① 按图 3.7.15(a)接线,V_1 接单次脉冲输出的高电平。电阻电容插入实验系统针管式插座中,R_w 电位器用实验箱中 R_w 或插入三脚实芯电位器,门用 74LS00 2 输入端四与非门,单稳输出接 LED 灯 1 和灯 2。

② 接通电源,按动一下单次脉冲,观察 LED 灯 1、灯 2 的亮灭情况。按住单次脉冲不放,再观察 LED 灯 1、灯 2 的亮灭情况。

③ 改变 R_w 的值,再进行上述操作。

结论:微分型单稳对输入脉冲进行延时,延时时间与 R_w 和 C 有关。

④ 按图 3.7.15(b)接线,u_i 接单次脉冲输出的低电平,其余按上述①方法接线。

⑤ 接通电源,按动单次脉冲一次,时间比做微分单稳稍长一些,观察 LED 灯 1,LED 灯

2 亮灭情况。

⑥ 改变 R_w 的值,再进行上述操作。

⑦ 把 u_i 接连续脉冲,并调至一定的频率(如 50 Hz 或更高一些),用双踪示波器观察 A 和 B 两点波形,并与图 3.7.15(b)进行比较。再改变 R_w,观察波形的变化。

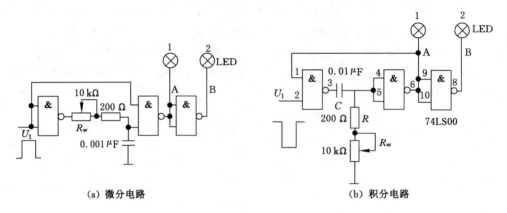

图 3.7.15 微分、积分型单稳态触发器实验电路

(2) 集成单稳触发器

将 74LS122 单稳触发器插入实验系统中,按图 3.7.16 外接可调电阻 $R_w = 47$ kΩ,$C = 10$ μF/16 V,A_1、A_2、B_1 接逻辑开关 K,B_2 接单次脉冲,R 端接复位开关,Q 和 Q 接发光二极管 LED。

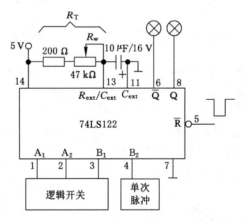

图 3.7.16 74LS122 单稳触发器实验图

① 按表 3.7.1 功能表进行逐项测试,观察 74LS122 功能是否正确,并计算基本脉宽时间。

② 改变 R_w 值为最大或最小,输入 B_2 上升沿脉冲(此时 $A_1 = 0$,$B_1 = 1$),即按动单次脉冲,观察 Q 输出脉宽时间并和理论计算值 t_w($t_w = 0.45RTC$)进行比较。

③ R_w 在一定值时(即 t_w 一定),将 B_2 连至单次脉冲的导线断开而连至连续脉冲,从慢到快调节连续脉冲旋钮,观察 Q 输出 LED 状态(也可用示波器观察其状态)的变化。

④ 将连续脉冲调至高频一直在触发,使 Q 输出为 1(发光二极管 LED 亮)。若这时置

R 端为 0,则 Q＝0,这样就起到在任何时候清零的作用,从而改变单稳的延时时间 t_w。

4. 史密特触发器

(1) 在实验箱中插入 CD4093,按图 3.7.12 连线,其中 R 选 100 kΩ 或 1 MΩ,C 选 0.01 μF 或 0.001 μF。应将不用的史密特触发器输入端保护起来。

(2) 接通电源,用示波器观察 CD4093 3 号脚的输出波形是否为方波脉冲。

(3) 改变 R 或 C 的值,进行不同组合,用示波器观察其输出波形。

(4) 按图 3.7.17 在史密特触发器的输入端输入正弦波或三角波形观察输出整形情况。

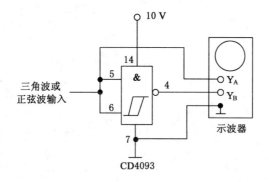

图 3.7.17　史密特触发器实验电路

六、实验报告要求

1. 整理各实验电路,并画出各实验波形。

2. 计算实验中单稳态触发器的理论时间,并与实际测得值进行比较。

3. 画出史密特触发器用作整形电路时的输入/输出的波形。

实验 3.8　555 定时电路及其应用

一、实验目的

1. 熟悉基本定时电路的工作原理及定时元件 RC 对振荡周期和脉冲宽度的影响。

2. 掌握用 555 集成定时器构成定时电路的方法。

二、实验器材

1. XK 系列数字电子技术实验系统,1 台。

2. 直流稳压电源,1 台。

3. 示波器、函数发生器,1 台。

4. 万用表,1 个。

5. 集成电路:555 定时器,1 个。

6. 元器件:电阻 300 kΩ,2 kΩ,1 kΩ,各 1 个;电位器 10 kΩ,1 个;电容 0.01 μF、0.1 μF、0.47 μF、10 μF,1 个。

三、预习要求

1. 复习 555 定时器的结构和工作原理。

2. 计算实验电路中 555 定时器应用时的理论值 t_w。

3. 掌握 555 定时器的管脚排列。

四、实验原理和电路

555 定时器是一种中规模集成电路,只要在外部配上几个适当的阻容元件,就可以方便地构成史密特触发器、单稳态触发器及多谐振荡器等脉冲产生与变换电路。它在工业自动控制、定时、仿声、电子乐器、防盗等方面有广泛应用。该器件的电源电压为 4.5~18 V,驱动电流比较大,一般在 200 mA 左右,并能与 TTL、CMOS 逻辑电平相兼容。

555 定时器内部结构框图及外引脚排列分别如图 3.8.1 和图 3.8.2 所示。

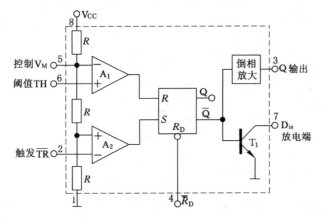

图 3.8.1 555 定时器内部结构框图

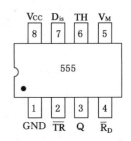

图 3.8.2 555 外引脚排列

555 定时器内部含有两个电压比较器 A_1、A_2,一个基本 R_S 触发器,一个放电三极管 T 和输出反相放大器。

在 V_{cc} 和地之间加上电压,并让 V_m 悬空,则 A_1 比较器的参考电压为 $(2/3)V_{cc}$,A_2 比较器的参考电压为 $(1/3)V_{cc}$。若 A_2 比较器的 $\overline{TR}$ 触发端输入电压 $V_2 \leqslant (1/3)V_{cc}$,则 A_2 比较器输出为 1,可使基本 RS 触发器置 1,使输出端 Q=1。若 A_1 比较器的 TH 阈值端输入电压 $V_6 \geqslant (2/3)V_{cc}$ 时,则 A_1 比较器输出为 1,可使基本 RS 触发器置 0,使输出端 Q 为 0。若复位端 RD=0,则基本 RS 触发器置 0,Q=0。V_m 为控制电压端,V_m 的电压加入,可改变两比较器的参考电压,若不用时,可通过电容(通常为 0.01 μF)接地。放电管 T_1 的输出端 D_{is} 为集电极开路输出。555 定时器的功能见表 3.8.1。

表 3.8.1 555 定时器功能

| 输入 | | | 输出 | |
复位 $\overline{R}_D$	$\overline{TR}$	TH	Q	T_1 状态
0	×	×	0	导通
1	$<(1/3)V_{cc}$	$<(2/3)V_{cc}$	1	截止
1	$>(1/3)V_{cc}$	$>(2/3)V_{cc}$	0	导通
1	$>(1/3)V_{cc}$	$<(2/3)V_{cc}$	原状态	不变

从 555 功能表及其原理图可见,只要在其相关的输入端输入相应的信号就可得到各种不同的电路,例如多谐振荡器、史密特触发器、单稳态触发器等。

由 555 定时器组成的多谐振荡器,史密特触发器和单稳态触发器的电路如图 3.8.3 所示。

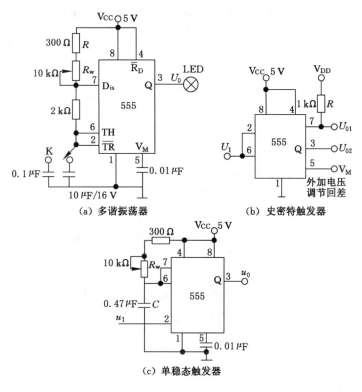

图 3.8.3 555 定时器的应用

在图 3.8.3(a)中,调节 R_w,可产生脉宽可变的方波输出。在图 3.8.3(b)中,若 u_1 端 (即 555 的 2、6 脚)输入三角波(或正弦波)及其他不规则的波形,则在输出端 Q(3 脚)有幅值恒定的方波输出。在图 3.8.3(c)中,若 u_1 端(2 端)加入一个负沿输入的窄脉冲,则在 Q 端输出延时的正脉宽信号 $t_w=1.1RC$。

五、实验内容及步骤

将 555 定时器插入实验箱中,按图 3.8.3(a)、图 3.8.3(b)、图 3.8.3(c)分别进行实验 (也可用实验系统提供的 555)。

1. 多谐振荡器

(1) 对照图 3.8.3(a)接线,输出端 Q 接发光二极管和示波器,并把 10 μF 电容串入电路中。

(2) 接线完毕,检查无误后,接通电源,555 工作。这时可看到 LED 发光管闪亮,调节 R_w 的值,可从示波器上观测到脉冲波形的变化,并记录。

(3) 改变电容 C 的数值为 0.1 μF,再调节 R_w,观察输出波形的变化,并记录输出波形及频率。

2. 史密特触发器

(1) 对照图 3.8.4 接线。其中 555 的 2 和 6 脚接在一起,接至函数发生器三角波(或正弦波)的输出(幅值调至 5 V),V_1 和 V_o(Q)端接双踪示波器。

（2）接线无误后接通电源，输入三角波或正弦波形，并调至一定的频率，观察输入、输出波形的形状。

（3）调节 R_w，使外加电压 V_M 变化，观察示波器输出波形的变化。

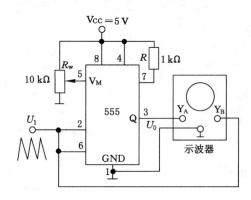

图 3.8.4　555 构成的史密特触发器实验电路

3. 稳态触发器

按图 3.8.3(c)接线，u_1 接单次脉冲，输出 u_o(Q)接发光 LED 二极管。

调节 R_w 为最大值 10 kΩ，输入单次脉冲一次，观察 LED 灯亮的时间。

调节 R_w，再进行输入 u_1 的操作，观察 LED 灯亮时间。使用者也可更换电容 C，再进行上述操作，观察输出 u_o 的延时情况。

六、实验报告要求

1. 整理实验线路，画出各实验波形。

2. t_w 理论计算值和实际测得值的误差为多少？

实验 3.9　数模转换器

一、实验目的

1. 熟悉 D/A 转换器的基本工作原理。

2. 掌握 D/A 转换集成芯片 DAC 0832 的性能及其使用方法。

二、实验器材

1. XK 系列数字电子技术实验系统，1 台。

2. 直流稳压电源，1 台。

3. 示波器，1 台。

4. 万用表，1 个。

5. 集成电路：DAC 0832，1 片；74LS161、UA741，各 1 片。

6. 电位器：10 kΩ、1 kΩ，各 1 个。

三、预习要求

1. 复习 D/A 转换器的工作原理。

2. 熟悉 DAC 0832 芯片的各管脚功能及其排列。

3. 了解 DAC 0832 的使用方法。

4. 设计计数器电路(8 位和 4 位二进制计数器)。

四、实验原理及电路

所谓数模(D/A)转换,就是把数字量信号转成模拟量信号,且输出电压与输入的数字量成一定的比例关系。

图 3.9.1 为 D/A 转换器原理图,它是由恒流源(或恒压源)、模拟开关以及数字量代码所控制的电阻网络、运放等组成的四位 D/A 转换器。

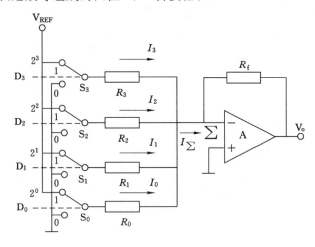

图 3.9.1　D/A 转换器原理图

四个开关 $S_0 \sim S_3$ 由各位代码控制,若"S"代码为 1,则意味着接 V_{REF};若"S"代码为 0,则意味着接地。

由于运放的输出值为 $V_o = -I_{\Sigma} \cdot R_f$,而 I_{Σ} 为 I_0、I_1、I_2、I_3 的和,而 $I_0 \sim I_3$ 的值分别为(设"S"代码全为 1);

$$I_0 = V_{REF}/R_0, I_1 = V_{REF}/R_1, I_2 = V_{REF}/R_2, I_3 = V_{REF}/R_3$$

若选

$$R_0 = R/2^0, R_1 = R/2^1, R_2 = R/2^2, R_3 = R/2^3$$

则

$$I_0 = V_{REF}/(R/2^0) = V_{REF}/R \cdot 2^0, I_1 = V_{REF}/R \cdot 2^1, I_2 = V_{REF}/R \cdot 2^2, I_3 = V_{REF}/R \cdot 2^3$$

若开关 $S_0 \sim S_3$ 不全合上,则"S"代码有些为 0,有些为 1(设 4 位"S"代码为 $D_3 D_2 D_1 D_0$),则

$$I_{\Sigma} = D_3 I_3 + D_2 I_2 + D_1 I_1 + D_0 I_0 = (D_3 \cdot 2^3 + D_2 \cdot 2^2 + D_1 \cdot 2^1 + D_0 \cdot 2^0)V_{REF}/R$$
$$= B \cdot (V_{REF}/R)$$

所以,$V_o = -R_f \cdot B(V_{REF}/R)$,B 为二进制数,即模拟电压输出正比于输入数字量 B,从而实现了数字量的转换。

随着集成技术的发展,中大规模的 D/A 转换集成块相继出现,它们将转换的电阻网络和受数码控制的电子开关都集在同一芯片上,所以用起来很方便。目前,常用的芯片型号很多,有 8 位、12 位的转换器等,这里我们选用 8 位 D/A 转换器 DAC 0832 进行实验研究。

DAC 0832 是 CMOS 工艺,共 20 个引脚,其结构框图及外引脚排列如图 3.9.2 所示。

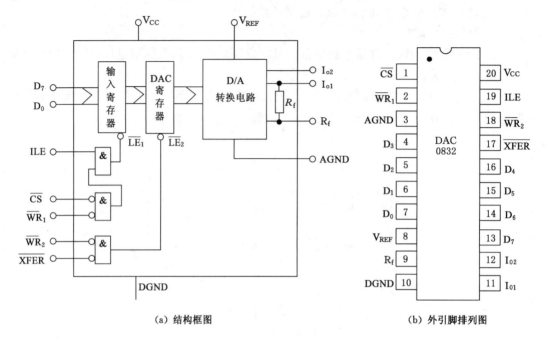

（a）结构框图　　　　　　　　　　　（b）外引脚排列图

图 3.9.2　DAC 0832 结构框图及外引脚排列

各引脚功能如下。

$D_7 \sim D_0$:八位数字量输入端,D_7 为最高位,D_0 为最低位。

I_{o1}:模拟电流输出 1 端,当 DAC 寄存器为 1 时,I_{o1} 最大;全 0 时,I_{o1} 最小。

I_{o2}:模拟电流输出 2 端,$I_{o1} + I_{o2} =$ 常数 $=$ V_{REF}/R,一般接地。

R_f:为外接运放提供的反馈电阻引出端。

V_{REF}:基准电压参考端,其电压范围为 $-10 \sim +10$ V。

V_{cc}:电源电压,一般为 $+5 \sim +15$ V。

DGND:数字电路接地端。

AGND:模拟电路接地端,通常与 DGND 相连。

$\overline{CS}$:片选信号,低电平有效。

ILE:输入锁存使能端,高电平有效。它与 $\overline{WR}_1$、$\overline{CS}$ 信号共同控制输入寄存器选通。

$\overline{WR}_1$:写信号 1 低电平有效。当 $\overline{CS} = 1$,ILE $= 1$ 时,$\overline{WR}_1$ 此时才能把数据总线上的数据输入寄存器中。

$\overline{WR}_2$:写信号 2,低电平有效。与 $\overline{XFER}$ 配合,当二者均为 0 时,将输入寄存器中当前的值写入 DAC 寄存器中。

$\overline{XFER}$:控制传送信号输入端,低电平有效,用来控制 $\overline{WR}_2$,选通 DAC 寄存器。

由于 DAC 0832 转换输出是电流,所以,当要求转换结果不是电流而是电压时,可以在 DAC 0832 的输出端接一运算放大器,将电流信号转换成电压信号。如实验接线图 3.9.3 中所示。在图 3.9.3 中,当 V_{REF} 接 $+5$ V(或 $1 \sim 5$ V)时,输出电压范围是 $0 \sim -5$ V(或 $0 \sim +5$ V)。如果 V_{REF} 接 $+10$ V(或 -10 V)时,输出电压范围是 $0 \sim -10$ V(或 $0 \sim +10$ V)。

图 3.9.3 中是单极性电压输出,即电压输出为正或负。若要获得双极性输出电压,则需要两个运放,具体电路如图 3.9.4 所示。

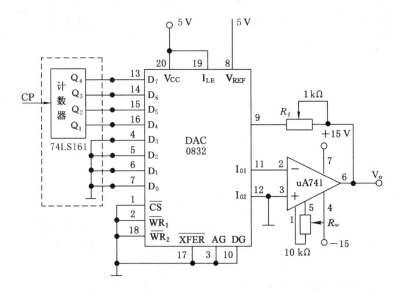

图 3.9.3　DAC 0832 实验测试接线图

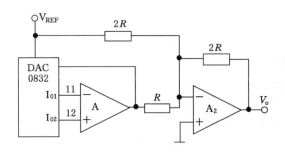

图 3.9.4　DAC 0832 双极性接法

DAC 0832 通常和计算机系统相连进行有关操作,本实验中仅用直通工作方式进行实验,来研究 DAC 0832 的某些功能特点。

五、实验内容和步骤

实验接线图如图 3.9.3 所示。把 DAC 0832、uA741 等插入实验箱,按图 3.9.3 接线,不包括虚线框内。即 $D_7 \sim D_0$ 接实验系统的数据开关,CS、XFER、WR$_1$、WR$_2$ 均接 0,AGND 和 DGND 相连接地,ILE 接 +5 V,参考电压接 +5 V,运放电源为 ±15 V,调零电位器为 10 kΩ。

(1) 接线检查无误后,置数据开关 $D_7 \sim D_0$ 为全 0,接通电源,调节运放的调零电位器,使输出电压 $V_o = 0$。

(2) 再置数据开关全 1,调整 R_f,改变运放的放大倍数,使运放输出满量程。

(3) 数据开关从最低位逐位置 1,并逐次测量模拟电压输出 V_o,填入表 3.9.1 中。

表 3.9.1　实验记录

输入数字量								输出模拟电压	
D_7	D_6	D_5	D_4	D_3	D_2	D_1	D_0	实测值	理论值
0	0	0	0	0	0	0	0		
0	0	0	0	0	0	0	1		
0	0	0	0	0	0	1	1		
0	0	0	0	0	1	1	1		
0	0	0	0	1	1	1	1		
0	0	0	1	1	1	1	1		
0	0	1	1	1	1	1	1		
0	1	1	1	1	1	1	1		
1	1	1	1	1	1	1	1		

（4）再将 74LS161 或用实验箱中的（D 或 JK）触发器构成二进制计数器，对应的 4 位输出 Q_4、Q_3、Q_2、Q_1 分别接 DAC 0832 的 D_7、D_6、D_5、D_4，低四位接地（这时和数据开关相连的线全部断开）。

（5）输入 CP 脉冲，用示波器观测并记录输出电压的波形。

（6）思考如计数器输出改接到 DAC 的低四位，高四位接地，重复上述实验步骤，结果将如何。

（7）采用八位二进制计数器，再进行上述实验。

（8）若输出要获得双极性电压，则按图 3.9.4 接法即可实现，读者可以适当选择电阻，就可获得正、负电压输出。

六、实验报告要求

1. 整理所测实验数据，画出实验电路。

2. 分析理论值和实际值的误差。

3. 绘出所测得的电压波形，并进行比较、分析。

实验 3.10　模数转换器

一、实验目的

1. 熟悉 A/D 转换器的工作原理。

2. 掌握 A/D 转换集成芯片 ADC 0809 的性能及其使用方法。

二、实验器材

1. XK 系列数字电子技术实验系统，1 台；

2. 直流稳压电源，1 台；

3. 万用表，1 个；

4. 集成电路：ADC 0809、74LS161，各 1 片；

5. 电位器：1 kΩ，1 个。

三、预习要求

1. 复习 A/D 转换器的工作原理。

2. 熟悉 ADC 0809 芯片的各管脚功能和排列。

3. 了解 ADC 0809 的使用方法。

4. 准备好实验用数据表格。

四、实验原理及电路

所谓模数(A/D)转换,就是把模拟量信号转换成数字量信号。A/D 转换的方法很多,本实验中采用的是逐次逼近式 A/D 转换集成块,其原理图如图 3.10.1 所示。它是将一个待转换的模拟信号 V_i,与一个"推测"的数字信号经 D/A 转换成 V_1 相比较,根据"推测"信号是大于还是小于输入信号,即比较器输出 0 或 1 来决定减小还是增大该"推测"信号,然后,再进行比较,以便向模拟输入信号逐渐逼近。"推测"信号是从二进制的最高位起,依次置 1,逐位比较,直到最后一位。D/A 的数字输入即对应输入模拟量,为 A/D 的输出,图 3.10.1 中,START 为启动转换信号输入端,EOC 为转换完成信号输出端。

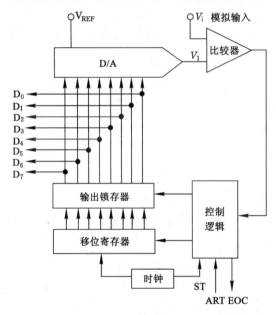

图 3.10.1　逐次逼近 A/D 转换器

ADC 0809 是 8 位 A/D 转换器,它的转换方法为逐次逼近法。ADC 0809 为 CMOS 工艺,其外引脚为 28 脚,管脚排列如图 3.10.2 所示。各个管脚的功能如下。

$IN_0 \sim IN_7$:八个模拟量输入端。

START:启动 A/D 转换,当 START 为高电平时,开始 A/D 转换。

EOC:转换结束信号。当 A/D 转换完毕之后,发出一个正脉冲,表示 A/D 转换结束,此信号可用作 A/D 转换是否结束的检测信号或中断申请信号(加一个反相器)。

C、B、A:通道号地址输入端,C、B、A 为二进制数输入,C 为最高位,A 为最低位,CBA 从 000～111 分别选中通道 $IN_0 \sim IN_7$。

ALE:地址锁存信号,高电平有效。当 ALE 为高电平时,允许 C、B、A 所示的通道被选中,并把该通道的模拟量接入 A/D 转换器。

CLOCK:外部时钟脉冲输入端,改变外接 R、C 可改变时钟频率。

$D_7 \sim D_0$:数字量输出端。

$V_{REF}(+)$、$V_{REF}(-)$:参考电压端口,用来提供 D/A 转换器权电阻的标准电平。一般 $V_{REF}(+) = 5$ V,$V_{REF}(-) = 0$ V。

V_{cc}:电源电压,$+5$ V。

GND:接地端。

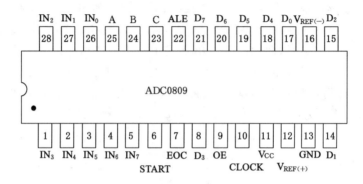

图 3.10.2　ADC 0890 外引脚排列图

ADC 0809 可以进行 8 路 A/D 转换,并且这种器件使用时无需进行调零和满量程调整,转换速度和精度属中高档,售价不高。所以,一般控制场合采用 ADC 0809(或 0800 系列)的 A/D 转换片是比较理想的。

五、实验内容及步骤

(1) 按图 3.10.3 接线。在实验系统中插入 ADC 0809 IC 芯片,其中 $D_7 \sim D_0$ 分别接 8 只发光二极管 LED,CLK 接实验箱的连续脉冲,地址码 A、B、C 接数据开关或计数器输出,其余的按图 3.10.3 接线。

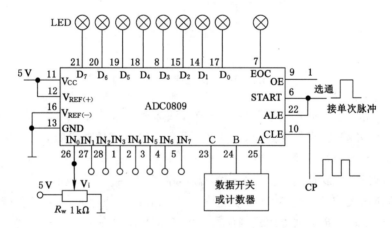

图 3.10.3　ADC 0809 实验原理接线图

(2) 接线完毕,检查无误后,接通电源。调 CP 脉冲至最高频(频率大于 1 kHz 以上),再置数据开关为 000,调节 R_w,并用万用表测量 V_i 为 4 V,再按一次单次脉冲(注意单脉冲的"$\sqcap$"接 START 信号,平时处于 0 电平,开始转换时为 1),观察输出 $D_7 \sim D_0$ 发光二极管(LED 显示)的值,并记录下来。

(3) 再调节 R_w,使 V_i 为+3 V,按一下单次脉冲,观察输出 $D_7 \sim D_0$ 的值,并记录下来。

(4) 按上述实验方法,分别调 V_i 为 2 V、1 V、0.5 V、0.2 V、0.1 V、0 V 进行实验,观察并记录每次输出 $D_7 \sim D_0$ 的状态。

(5) 调节 R_w,改变输入 V_i,使 $D_7 \sim D_0$ 全 1 时,测量这时的输入转换电压值为多少。

(6) 改变数据开关值为 001,这时将 V_i 从 IN_0 改接到 IN_1 输入,再进行(2)～(5)的实验操作。

(7) 按(6)方法,可分别对其余的 6 路模拟量输入进行测试。

(8) 将 C、B、A 三位地址码接至计数器(计数器可用 JK、D 触发器构成或用 74LS161)的三个输出端,再分别置 $IN_0 \sim IN_7$ 电压为 0 V、0.1 V、0.2 V、0.5 V、1 V、2 V、3 V、4 V,单次脉冲接 START,改接为平时"高电平"(即一直转换)信号。再把单次脉冲接计数器的CP 端。

(9) 按动单次脉冲计数,观察输出 $D_7 \sim D_0$ 的输出状态,并记录下来。

如果要进行 16 路的 A/D 转换,则可以用两只 ADC 0809 组成,地址码 C、B、A 都连起来,而用片选 OE 端分别选中高、低两片,如图 3.10.4 所示。这样在 0～7 时,选中 $IN_0 \sim IN_7$;在 8～15 时,选中 $IN_8 \sim IN_{15}$。

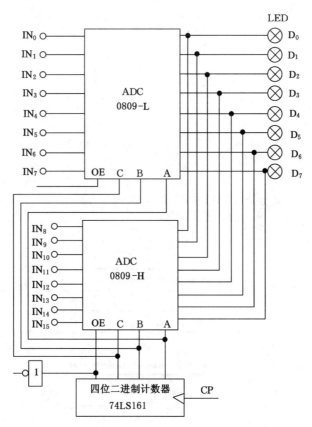

图 3.10.4　ADC 0809 组成 16 路 A/D 转换器接线图

六、实验报告要求

1. 整理实验数据。

2. 画出 8 路 A/D 转换器的实验原理图。

实验 3.11　交通灯控制逻辑电路设计

一、简述

为了确保十字路口车辆顺利、畅通地通过,往往在路口采用自动控制的交通信号灯来进行控制。其中红灯(R)亮,表示该条道路禁止通行;黄灯(Y)亮表示停车;绿灯(G)亮表示允许通行。

交通灯控制器系统框图如图 3.11.1 所示。

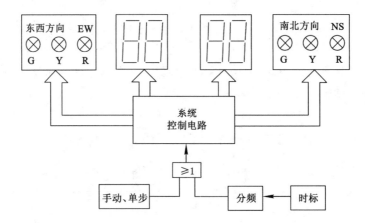

图 3.11.1　交通灯控制器系统框图

二、设计任务和要求

设计一个十字路口交通信号灯控制器,要求如下。

(1) 满足如图 3.11.2 所示顺序工作流程。

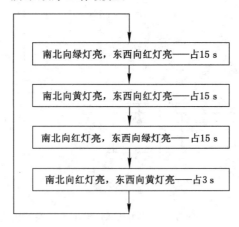

图 3.11.2　交通灯顺序工作流程图

图中设南北方向的红、黄、绿灯分别为 NSR、NSY、NSG，东西方向的红、黄、绿灯分别为 EWR、EWY、EWG。

工作方式为有些必须是并行进行的，即南北方向绿灯亮，东西方向红灯亮；南北方向黄灯亮，东西方向红灯亮；南北方向红灯亮，东西方向绿灯亮；南北方向红灯亮，东西方向黄灯亮。

（2）应满足两个方向的工作时序，即东西方向亮红灯时间应等于南北方向亮黄、绿灯时间之和，南北方向亮红灯时间应等于东西方向亮黄、绿灯时间之和。时序工作流程图如图 3.11.3 所示。

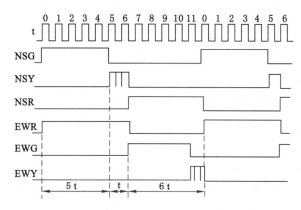

图 3.11.3　交通灯时序工作流程图

图 3.11.3 中，假设每个单位时间为 3 s，则南北、东西方向绿、黄、红灯亮时间分别 15 s、3 s、18 s，一次循环时间为 36 s。其中红灯亮的时间为绿灯、黄灯亮的时间之和，黄灯是间歇闪耀。

（3）十字路口要有数字显示，作为时间提示，以便人们更直观地把握时间。具体为：当某方向绿灯亮时，置显示器为某值，然后以每秒减 1 计数方式工作，直至减到数为"0"，十字路口红、绿灯交换，一次工作循环结束，而进入下一步某方向的工作循环。

例如：当南北方向从红灯转换成绿灯时，置南北方向数字显示为 18，并使数显计数器开始减"1"计数，当减到绿灯灭而黄灯亮（闪耀）时，数显的值应为 3，当减到"0"时，此时黄灯灭，而南北方向的红灯亮；同时，使得东西方向的绿灯亮，并置东西方向的数显为 18。

（4）可以手动调整和自动控制，夜间为黄灯闪亮，其他灯不亮。

（5）在完成上述任务后，可以对电路进行以下几个方面的电路改进或扩展。

① 设某一方向（如南北）为十字路口主干道，另一方向（如东西）为次干道；由于主干道车辆、行人多，而次干道的车辆、行人少，所以主干道绿灯亮的时间，可选定为次干道绿灯亮的时间 2 倍或 3 倍。

② 用 LED 发光二极管模拟汽车行驶电路。当某一方向绿灯亮时，这一方向的发光二极管接通，并逐个向前移动，表示汽车在行驶；当遇到黄灯亮时，移位发光二极管就停止，而过了十字路口的移位发光二极管继续向前移动；红灯亮时，则另一方向转为绿灯亮，那么，这一方向的 LED 发光二极管就开始移位（表示这一方向的车辆行驶）。

三、可选用器材

1. XK 系列数字电子技术实验系统；

2. 直流稳压电源；

3. 交通灯信号灯及汽车模拟装置；

4. 集成电路：74LS74、74LS164、74LS248 及门电路；

5. 显示：LC5011-11，发光二极管；

6. 电阻；

7. 开关。

四、设计方案提示

根据设计任务和要求，参考交通灯控制器的逻辑电路主要框图 3.11.1，设计方案可以从以下几部分进行考虑。

1. 秒脉冲和分频器

因十字路口每个方向绿、黄、红灯所亮时间比例分别为 5∶1∶6。所以，若选 4 s（也可以 3 s）为一单位时间，则计数器每计 4 s 输出一个脉冲。这一电路就很容易实现，逻辑电路参考前一课题。

2. 交通灯控制器

由波形图可知，计数器每次工作循环周期为 12，所以可以选用 12 进制计数器。计数器可以用单触发器组成，也可以用中规模集成计数器。这里我们选用中规模 74LS164 8 位移位寄存器组成扭环形 12 进制计数器。扭环形计数器的状态见表 3.11.1。根据状态表，可列出东西和南北方向绿、黄、红灯的逻辑表达式：

东西方向绿：$EWG = Q_4 \cdot Q_5$ 南北方向绿：$NSG = Q_4 \cdot Q_5$

黄：$EWY = Q_4 \cdot Q_5 \, (EWY' = EWY \cdot CP_1)$ 黄：$NSY = Q_4 \cdot Q_5 \, (NSY' = NSY \cdot CP_1)$

红：$EER = Q_5$ 红：$NSR = Q_5$

表 3.11.1　状态表

状态	计数器输出						南北方向			东西方向		
	Q_0	Q_1	Q_2	Q_3	Q_4	Q_5	NSG	NSY	NSR	ENG	ENY	ENR
0	0	0	0	0	0	0	1	0	0	0	0	1
1	1	0	0	0	0	0	1	0	0	0	0	1
2	1	1	0	0	0	0	1	0	0	0	0	1
3	1	1	1	0	0	0	1	0	0	0	0	1
4	1	1	1	1	0	0	1	0	0	0	0	1
5	1	1	1	1	1	0	0	↑	0	0	0	1
6	1	1	1	1	1	1	0	0	1	1	0	0
7	0	1	1	1	1	1	0	0	1	1	0	0
8	0	0	1	1	1	1	0	0	1	1	0	0
9	0	0	0	1	1	1	0	0	1	1	0	0
10	0	0	0	0	1	1	0	0	1	1	0	0
11	0	0	0	0	0	1	0	0	1	0	↑	0

由于黄灯要求闪亮几次,所以用时标 1 s 和 EWY 或 NSY 黄灯信号相"与"即可。

3. 显示控制部分

显示控制部分,实际是一个定时控制电路。当绿灯亮时,使减法计数器开始工作(用对方的红灯信号控制),每来一个秒脉冲,使计数器减 1,直到计数器为"0"而停止。译码显示可用 74LS248 BCD 码七段译码器,显示器用 LC5011-11 共阴极 LED 显示器,计数器采用可预置加、减法计数器,如 74LS168、74LS193 等。

4. 手动/自动控制,夜间控制

可用一选择开关进行。置开关在手动位置,输入单次脉冲,可使交通灯处在某一位置上,开关在自动位置时,则交通信号灯按自动循环工作方式运行。夜间时,将夜间开关接通,黄灯闪亮。

5. 汽车模拟运行控制

用移位寄存器组成汽车控制系统,即当某一方向绿灯亮时,则绿灯亮"G"信号,使该路方向的移位通路打开,而当黄、红灯亮时,则使该方向的移位停止。图 3.11.4 所示为南北方向汽车模拟控制电路。

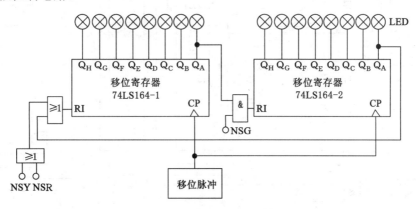

图 3.11.4　南北方向汽车模拟控制电路

五、参考电路

根据设计任务和要求,交通信号灯控制参考电路,如图 3.11.5 所示。

六、参考电路简要说明

1. 单次手动及脉冲电路

单次脉冲是由两个与非门组成的 RS 触发器产生的,当按下 K_1 时,有一个脉冲输出使 74LS164 移位计数,实现手动控制。K_2 在自动位置时,由秒脉冲电路经分频后(4 分频)输入给 74LS164,这样,74LS164 为每 4 s 向前移一位(计数 1 次)。秒脉冲电路可用晶振或 RC 振荡电路构成。

2. 控制器部分

控制器部分由 74LS164 组成扭环形计数器,然后经译码后,输出十字路口南北、东西两个方向的控制信号。其中黄灯信号须满足闪亮,并在夜间时,使黄灯闪亮,而绿、红灯灭。

3. 数字显示部分

当南北方向绿灯亮,而东西方向红灯亮时,使南北方向的 74LS168 以减法计数器方式

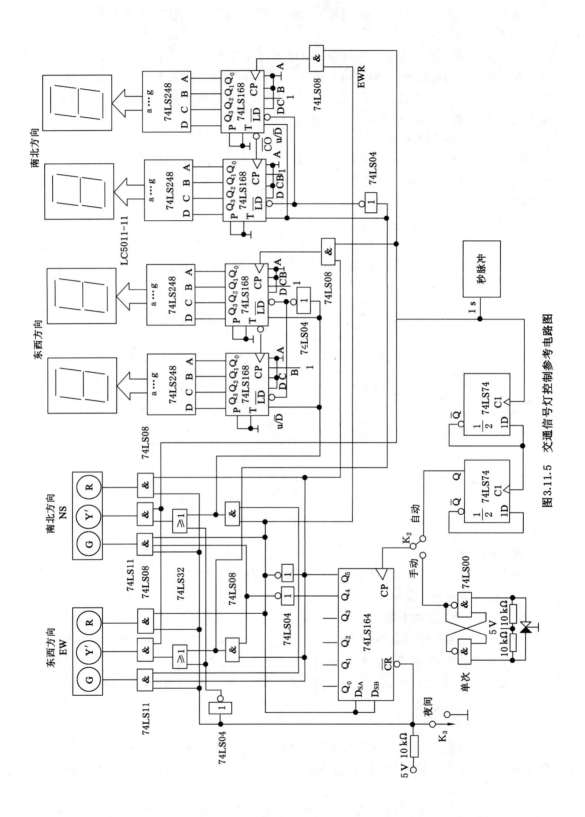

图3.11.5 交通信号灯控制参考电路图

工作,从数字"24"开始往下减,当减到"0"时,南北方向绿灯灭,红灯亮,而东西方向红灯灭,绿灯亮。由于东西方向红灯灭信号(EWR＝0),使与门关断,减法计数器工作结束,而南北方向红灯亮,使另一方向——东西方向减法计数器开始工作。

在减法计数开始之前,由黄灯信号使减法计数器先置入数据,图中接入 U/D 和 LD 的信号就是由黄灯亮(为高电平)时,置入数据。黄灯灭(Y＝0),而红灯亮(R＝1)开始减计数。

4. 汽车模拟控制电路

这一部分电路参考图 3.11.4。当黄灯(Y)或红灯(R)亮时,RI 这端为高(H)电平,在 CP 移位脉冲作用下,而向前移位,高电平"H"从 QH 一直移到 QA(图中 74LS164-1),由于绿灯在红灯和黄灯为高电平时,它为低电平,所以 74LS164-1 QA 的信号就不能送到 74LS164-2 移位寄存器的 RI 端。这样,就模拟了当黄、红灯亮时汽车停止的功能。而当绿灯亮,黄、红灯灭(G＝1,R＝0,Y＝0)时,74LS164-1、74LS164-2 都能在 CP 移位脉冲作用下向前移位。这就意味着,绿灯亮时汽车向前运行这一功能。

交通灯控制实现方法很多,在此就不一一举例了。

实验 3.12　智力竞赛抢答器逻辑电路设计

一、简述

智力竞赛是一种生动活泼的教育形式和方法,通过抢答和必答两种方式能引起参赛者和观众的极大兴趣,并且能在极短时间内,使人们增加一些科学知识和生活常识。

进行智力竞赛时,一般分为若干组,主持人提出的问题分为必答和抢答两种。必答有时间限制,到时要告警。根据问题回答正确与否,由主持人判别加分还是减分,成绩评定结果要用电子装置显示。抢答时,要判定哪组优先,并予以指示和鸣叫。

因此,要完成以上智力竞赛抢答器逻辑功能的数字逻辑控制系统,至少应包括以下几个部分。

(1) 计分、显示部分;

(2) 判别选组控制部分;

(3) 定时电路和音响部分。

二、设计任务和要求

用 TTL 或 CMOS 集成电路设计智力竞赛抢答器逻辑控制电路,具体要求如下:

(1) 抢答组数为 4 组,输入抢答信号的控制电路应由无抖动开关来实现。

(2) 判别选组电路。能迅速、准确地判出抢答者,同时能排除其他组的干扰信号,闭锁其他各路输入使其他组再按开关时失去作用,并能对抢中者有光、声显示和鸣叫指示。

(3) 计数、显示电路。每组有 3 位十进制计分显示电路,能进行加/减计分。

(4) 定时及音响。

必答时,启动定时灯亮,以示开始,当时间到时要发出单音调"嘟"声,并熄灭指示灯。

抢答时,当抢答开始后,指示灯应闪亮。当有某组抢答时,指示灯灭,最先抢答一组的灯亮,并发出音响。也可驱动组别数字显示(用数码管显示)。

回答问题的时间应可调整,分别为 10 s、20 s、50 s、60 s 或稍长一些。

(5) 主持人应有复位按钮。抢答和必答定时应有手动控制。

三、可选用器材

1. XK 系列数字电子技术实验系统；

2. 直流稳压电源；

3. 集成电路：74LS190、74LS48、CD4043、74LS112 及门电路；

4. 显示器：LD5011-11、CL002、发光二极管；

5. 拨码开关(8421 码)；

6. 阻容元件、电位器；

7. 喇叭、开关等。

四、设计方案提示

(1) 复位和抢答开关输入防抖电路，可采用加电容或 RS 触发电路来完成。

(2) 判别选组实现的方法可以用触发器和组合电路完成，也可用一些特殊器件组成。例如用 MC14599 或 CD4099 8 路可寻地址输出锁存器来实现。

(3) 计数显示器可用 8421 码拨码开关译码电路显示。8421 码拨码开关能进行加或减计数。也可用加/减计数器(如 74LS193)来组成。译码、显示用共阴或共阳组件，也可用 CL002 译码显示器。

(4) 定时电路。当有开关启动定时器时，使定时计数器按减计数或加计数方式进行工作，并使一指示灯亮，定时时间到，输出一脉冲，驱动音响电路工作，并使指示灯灭。

五、参考电路

根据智力竞赛抢答器的设计任务和要求，其逻辑参考电路如图 3.12.1 所示。

六、参考电路简要说明

图 3.12.1 为四组智力竞赛抢答器逻辑电路图，若要增加组数，只需把计分显示部分增加即可。

1. 计分部分

每组均由 8421 码拨码开关 KS-1 来完成分数的增和减，每组为三位，个、十、百位，每次可以单独进行加减。例如：100 分加"10"分变为 110 分，只需按动拨码开关十位"＋"号一次；若加"20"分，只要按动"＋"号两次。若减分，方法相同，即按动"－"号就能完成减数计分。

计分电路也可以用电子开关或集成加、减法计数器来组合完成。

2. 判组电路

判组电路由 RS 触发器完成，CD4043 为三态 RS 锁存触发器，当 S_1 按下时，Q_1 为 1，这时或非门 74LS25 为低电平，封锁了其他组的输入。Q_1 为 1，使 D_1 发光管发亮，同时也驱动音响电路鸣叫，实现声、光的指示。输入端采用了阻容方法，以防止开关抖动。

3. 定时电路

当进行抢答或必答时，主持人按动单次脉冲启动开关，使定时数据置入计数器，同时使 JK 触发器翻转($Q=1$)，定时器进行减计数定时，定时开始，定时指示灯亮。当定时时间到，即减法计数器为"00"时，B_0 为"1"，定时结束，此时控制音响电路鸣叫，并熄灭指示灯(JK 触发器的 $\overline{Q}=1$，$Q=0$)

定时显示用 CL002，定时的时标脉冲为"秒"脉冲。

4. 音响电路

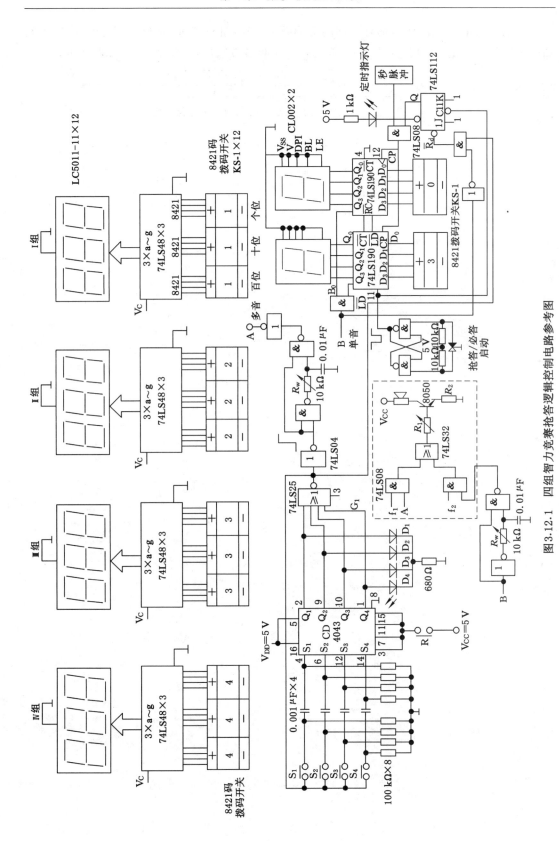

图 3.12.1　四组智力竞赛抢答逻辑控制电路参考图

音响电路中，f_1 和 f_2 为两种不同的音响频率，当某组抢答时，应为多音，其时序应为间断音频输出。当定时到时，应为单音，其时序应为单音频输出，时序如图 3.12.2 所示。

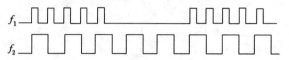

图 3.12.2　音频时序波形图

第 4 章　高频电子线路实验

实验 4.1　高频谐振功率放大器

一、实验目的

1. 了解谐振功率放大器的工作原理,掌握负载和信号变化对其工作状态的影响。

2. 掌握谐振功率放大器的调谐特性和负载特性。

二、实验仪器

1. BT-3 频率特性测试仪(选项),1 台;

2. 20 MHz 双踪模拟示波器,1 台;

3. 万用表,1 个;

4. 调试工具,1 套。

三、电路的基本原理

在无线广播和通信的发射机中,末级功放须采用高频功率放大器。高频功率放大器研究的主要问题是如何获得高效率、大功率的输出。放大器电流导通角 θ 愈小,放大器的效率 η 愈高。如甲类功放的 $\theta = 180°$,效率 η 最高为 50%,而丙类功放的 $\theta < 90°$,效率 η 可达到 80%。高频功率放大器采用丙类功率放大器,采用选频网络作为负载回路的丙类功率放大器称为谐振功率放大器。谐振功率放大器工作原理如图 4.1.1 所示。

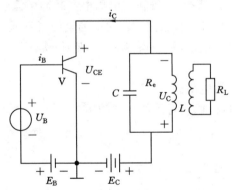

图 4.1.1　谐振功率放大器的工作原理

图 4.1.1 中 u_b 为输入交流信号,E_B 是基极偏置电压,调整 E_B,改变放大器的导通角,以改变放大器工作的类型。E_C 是集电极电源电压。集电极外接 LC 并联振荡回路的功用是作放大器负载。放大器工作时,晶体管的电流、电压波形及其对应关系如图 4.1.2 所示。晶体管转移特性如图 4.1.2 中虚线所示。由于输入信号较大,可用折线近似转移特性,如图中实线所示。图中 U'_B 为管子导通电压,g_m 为特征斜率。

设输入电压为一余弦电压,即

$$u_{\mathrm{b}} = U_{\mathrm{bm}} \cos \omega t$$

则管子基极、发射极间电压 u_{BE} 为

$$u_{\mathrm{BE}} = E_{\mathrm{B}} + u_{\mathrm{b}} = E_{\mathrm{B}} + U_{\mathrm{bm}} \cos \omega t$$

在丙类工作时，$E_{\mathrm{B}} < U'_{\mathrm{B}}$，在这种偏置条件下，集电极电流 i_{C} 为余弦脉冲，其最大值为 i_{Cmax}，电流流通的相角为 2θ，通常称 θ 为集电极电流的通角，丙类工作时，$\theta < \pi/2$。把集电极电流脉冲用傅氏级数展开，可分解为直流、基波和各次谐波

$$i_{\mathrm{C}} = I_{\mathrm{C0}} + i_{c1} + i_{c2} + = I_{\mathrm{C0}} + I_{\mathrm{c1m}} \cos \omega t + I_{\mathrm{c2m}} \cos 2\omega t + \cdots$$

式中　I_{C0}——直流电流；

　　　I_{c1m}，I_{c2m}——基波、二次谐波电流幅度。

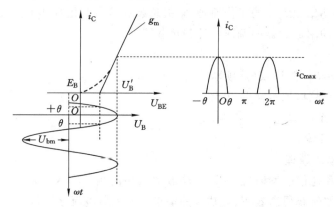

图 4.1.2　谐振功率放大器电压和电流关系

谐振功率放大器的集电极负载是一高 Q 的 LC 并联振荡回路，如果选取谐振角频率 ω_0 等于输入信号 u_{b} 的角频率 ω，那么，尽管在集电极电流脉冲中含有丰富的高次谐波分量，但由于并联谐振回路的选频滤波作用，振荡回路两端的电压可近似认为只有基波电压，即

$$u_{\mathrm{c}} = U_{\mathrm{cm}} \cos \omega t = I_{\mathrm{c1m}} R_{\mathrm{e}} \cos \omega t$$

式中　U_{cm}——u_{c} 的振幅；

　　　R_{e}——LC 回路的谐振电阻。

在集电极电路中，LC 振荡回路得到的高频功率为

$$P_{\mathrm{o}} = \frac{1}{2} I_{\mathrm{c1m}} U_{\mathrm{cm}} = \frac{1}{2} I_{\mathrm{c1m}}^2 R_{\mathrm{e}} = \frac{1}{2} \frac{U_{\mathrm{cm}}^2}{R_{\mathrm{e}}}$$

集电极电源 E_{C} 供给的直流输入功率为

$$P_{\mathrm{E}} = E_{\mathrm{C}} I_{\mathrm{C0}}$$

集电极效率 η_{C} 为输出高频功率 P_{o} 与直流输入功率 P_{E} 之比，即

$$\eta_{\mathrm{C}} = \frac{P_{\mathrm{o}}}{P_{\mathrm{E}}} = \frac{1}{2} \frac{I_{\mathrm{c1m}} U_{\mathrm{cm}}}{I_{\mathrm{C0}} E_{\mathrm{C}}}$$

静态工作点、输入信号、负载发生变化，谐振功率放大器的工作状态将发生变化。如图 4.1.3 所示。当 C 点落在输出特性（对应 u_{BEmax} 的那条）的放大区时，为欠压状态；当 C 点正好落在临界点上时，为临界状态；当 C 点落在饱和区时，为过压状态。谐振功率放大器的工作状态必须由 E_{C}、E_{B}、U_{bm}、U_{cm} 四个参量决定，缺一不可，其中任何一个量的变化都会改变 C 点所处的位置，工作状态就会相应发生变化。负载特性是指当保持 E_{C}、E_{B}、U_{bm} 不变而改变

R_e 时,谐振功率放大器的电流 I_{C0}、I_{c1m},电压 U_{cm},输出功率 P_o,集电极损耗功率 P_C,电源功率 P_E 及集电极效率 η_C 随之变化的曲线。从上面动特性曲线随 R_e 变化的分析可以看出,R_e 由小到大,工作状态由欠压变到临界再进入过压。相应的集电极电流由余弦脉冲变成凹陷脉冲,如图 4.1.4 所示。

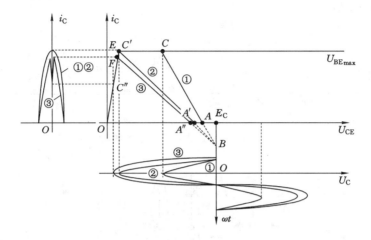

图 4.1.3　谐振功率放大器的工作状态

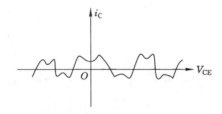

图 4.1.4　谐振功率放大器的负载特性

集电极调制特性是指当保持 E_B、U_{bm}、R_e 不变而改变 E_C 时,功率放大器电流 I_{C0}、I_{c1m},电压 U_{cm} 以及功率、效率随之变化的曲线。当 E_C 由小增大时,$u_{CEmin} = E_C - U_{cm}$ 也将由小增大,因而由 u_{BEmax} 决定的瞬时工作点将沿 u_{BEmax} 这条输出特性由特性的饱和区向放大区移动,工作状态由过压变到临界再进入欠压,i_C 波形由 i_{Cmax} 较小的凹陷脉冲变为 i_{Cmax} 较大的尖顶脉冲,如图 4.1.5 所示。由集电极调制特性可知,在过压区域,输出电压幅度 U_{cm} 与 E_C 成正比。利用这一特点,可以通过控制 E_C 的变化,实现电压、电流、功率的相应变化,这种功能称为集电极调幅,称这组特性曲线为集电极调制特性曲线。

基极调制特性是指当 E_C、U_{bm}、R_e 保持不变而改变 E_B 时,功放电流 I_{C0}、I_{c1m},电压 U_{cm} 以及功率、效率的变化曲线。当 E_B 增大时,会引起 θ、i_{Cmax} 增大,从而引起 I_{C0}、I_{c1m}、U_{cm} 增大。由于 E_C 不变,$u_{CEmin} = E_C - U_{cm}$ 则会减小,这样势必导致工作状态会由欠压变到临界再进入过压。进入过压状态后,集电极电流脉冲高度虽仍有增加,但凹陷也不断加深,i_C 波形如图 4.1.6 所示。利用这一特点,可通过控制 E_B 实现对电流、电压、功率的控制,称这种工作方式为基极调制,所以称这组特性曲线为基极调制特性曲线。

放大特性是指当保持 E_C、E_B、R_e 不变,而改变 U_{bm} 时,功率放大器电流 I_{C0}、I_{c1m},电压

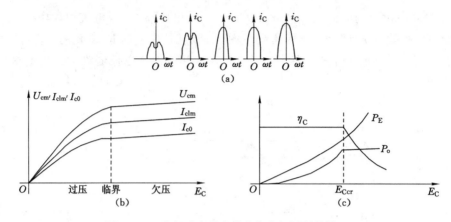

图 4.1.5　谐振功率放大器的集电极调制特性

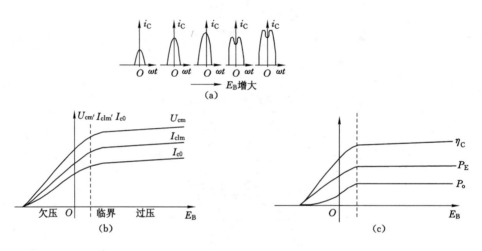

图 4.1.6　谐振功率放大器的基极调制

U_{cm} 以及功率、效率的变化曲线。U_{bm} 变化对谐振功率放大器性能的影响与基极调制特性相似。i_C 波形及 I_{C0}、I_{c1m}、U_{cm}、P_o、P_E、η_C 随 U_{bm} 的变化曲线如图 4.1.7 所示。由图可见，在欠压区域，输出电压振幅与输入电压振幅基本成正比，即电压增益近似为常数。利用这一特点可将谐振功率放大器用作电压放大器，所以称这组曲线为放大特性曲线。

四、电路的确定

实验电路原理图如图 4.1.8 所示。本实验主要技术指标：输出功率 $P_o \geqslant 125$ mW，工作中心频率 $f_0 = 10.7$ MHz，负载 $R_L = 50$ Ω。电源供电为 12 V。

激励级 QE_1 采用甲类放大，采用固定偏压形式，静态工作点 $I_{CQ} = 7$ mA。直流负反馈电阻为 300 Ω，交直流负反馈电阻为 10 Ω，集电极输出由变压器耦合输出到下一级。谐振电容取 120 pF，根据前面的理论推导，变压器 TE_1 的参数为

$N_{初级} : N_{次级} = 2.56$，初级取 18 匝，次级取 7 匝。

功放级 QE_2 采用丙类放大，使用 3DG12C。导通角为 70°，基极偏压采用发射极电流的直流分量 I_{EO} 在发射极偏置电阻 R_e 上产生所需要的 V_{BB}，其中直流反馈电阻为 30 Ω，交直流反馈电阻为 10 Ω，集电极谐振回路电容为 120 pF，负载为 50 Ω 输出由变压器耦合输出，采

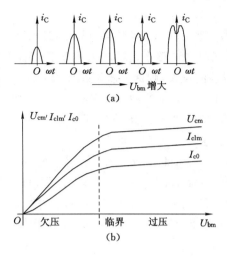

(a)

(b)

图 4.1.7　谐振功率放大器的放大特性

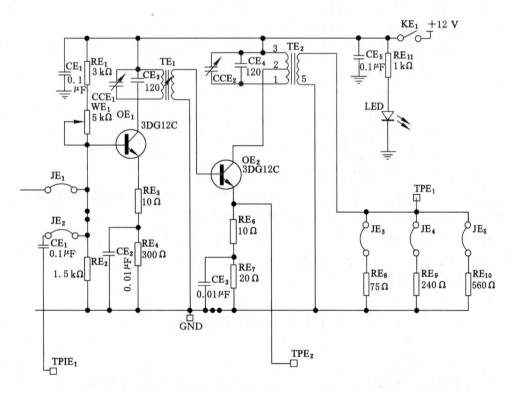

图 4.1.8　实验电路原理图

用中间抽头,以利于阻抗匹配。它们的匝数分别为

$$N_3 = 6 \text{ 匝} \qquad N_1 = 9 \text{ 匝} \qquad N_2 = 23 \text{ 匝}$$

五、实验内容

(1) 按下开关 KE_1,调节 WE_1,使 QE_1 的发射极电压 $V_E = 2.2$ V(即使 $I_{CQ} = 7$ mA,通过测量 RE_3 处焊盘与地的电压得到发射极电压)。

（2）连接 JE_2、JE_3、JE_4、JE_5。

（3）使用 BT-3 型频率特性测试仪，调整 TE_1、TE_2，TE_1 初级与 CCE_1，TE_2 初级与 CCE_2 谐振在 10.7 MHz，同时测试整个功放单元的幅频特性曲线，使峰值在 10.7 MHz 处（如果没有 BT-3 型频率特性测试仪，则这一步不作要求）

（4）从 $TPIE_1$ 处输入 10.7 MHz 的载波信号（此信号由高频信号源提供，参考高频信号源的使用），信号 V_{p-p} 约为 250 mV。用示波器探头在 $TPIE_1$ 处观察输出波形，调节 TE_1、TE_2 和 CCE_1、CCE_2，使输出波形不失真且最大。

（5）从 $TPIE_1$ 处输入 10.7 MHz 的载波信号，信号大小从 $V_{p-p}=0$ mV 开始增加，用示波器探头在 TPE_2 上观察电流波形，直至观察到有下凹的电流波形为止（此时如果下凹的电流波形左右不对称，则微调 TE_1 即可）。如果再继续增加输入信号，则可以观测到下凹的电流波形的下凹深度增加。（用 20 MHz 示波器探头，如果用×1 挡看下凹不明显，则用×10 挡看）

（6）观察放大器的三种工作状态。

输入信号 V_{p-p} 约为 250 mV（由高频信号源提供 10.7 MHz 的载波）。调中周 TE_1、TE_2（此时负载应为 51 Ω，JE_3、JE_4、JE_5 均连上），使电路谐振在 10.7 MHz 上（此时从 TPE_1 处用示波器观察，波形应不失真，且最大）。微调输入信号大小，在 TPE_2 处观察，使放大器处于临界工作状态。改变负载（组合 JE_3、JE_4、JE_5 的连接）使负载电阻依次变为 51 Ω→75 Ω→168 Ω→240 Ω→560 Ω。用示波器在 TPE_2 处能观察到不同负载时的电流波形（由临界至过压）。在改变负载时，应保证输入信号大小不变（即在最小负载 51 Ω 时处于临界状态）。同时在不同负载下，电路应处于最佳谐振（即在 TPE_1 处观察到的波形应最大且不失真。用 20 MHz 示波器探头，如果用×1 挡看下凹不明显，则用×10 挡看）

（7）改变激励电压的幅度，观察对放大器工作状态的影响。

使 $R_L=51$ Ω（连 JE_3、JE_4、JE_5），用示波器观察 QE_2 发射极上的电流波形（测试点为 TPE_2），改变输入信号大小，观察放大器三种状态的电流波形。

六、实验报告内容

1. 画出放大器三种工作状态的电流波形。

2. 绘出负载特性曲线。

实验 4.2　正弦振荡实验

一、实验目的

1. 掌握晶体管（振荡管）工作状态、反馈系数对振荡幅度与波形的影响。

2. 掌握改进型电容三点式正弦波振荡器的工作原理及振荡性能的测量方法。

3. 研究外界条件变化对振荡频率稳定度的影响。

4. 比较 LC 振荡器和晶体振荡器频率稳定度，加深对晶体振荡器频率稳定原因的理解。

二、实验仪器

1. 120 MHz 双踪示波器，1 台；

2. 万用表，1 个；

3. 调试工具,1 套。

三、电路的基本原理

反馈式正弦波振荡器有 RC、LC 和晶体振荡器三种形式,本实验中,主要研究 LC 三点式振荡器。LC 三点式振荡器的基本电路如图 4.2.1 所示。

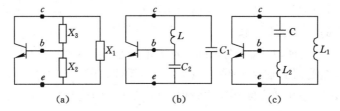

图 4.2.1　LC 三点式振荡器的基本电路

根据相位平衡条件,图 4.2.1(a)中构成振荡电路的三个电抗中,X_1、X_2 必须为同性质的电抗,X_3 必须为异性质的电抗,若 X_1 和 X_2 均为容抗,X_3 为感抗,则为电容三点式振荡电路[图 4.2.1(b)];若 X_2 和 X_1 均为感抗,X_3 为容抗,则为电感三点式振荡器[图 4.2.1(c)]。下面以电容三点式振荡器为例分析其原理。

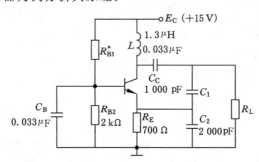

图 4.2.2　电容三点式振荡器

共基电容三点式振荡器的基本电路如图 4.2.2 所示。由图可见:与发射极连接的两个电抗元件为同性质的容抗元件 C_1 和 C_2;与基极连接的为两个异性质的电抗元件 C_2 和 L,根据前面所述的判别准则,该电路满足相位条件。该振荡器的工作角频率 ω_g 为

$$\omega_g \approx \omega_0 = \frac{1}{\sqrt{L\dfrac{C_1 C_2}{C_1 + C_2}}}$$

反馈系数 F

$$F \approx \frac{C_1}{C_1 + C_2}$$

若要它产生正弦波,还必须满足振幅、起振条件,即:

$$A_O \cdot F > 1$$

式中,A_O 为电路刚起振时,振荡管工作状态为小信号时的电压增益。只要求出 A_O 和 F 值,便可知道电路有关参数与它的关系。通过对起振条件分析可知晶体管的静态工作点电流 I_{EQ} 越大,g_m、A_O 越大(r_e 越小),振荡器越容易起振;R_L 越大、R_{eo} 越大、R_E 越大越容易起振;而 F 应有一个适当的数值,太小不容易起振,太大也不容易起振。

一个实际的振荡电路,在 F 确定之后,其振幅的增加主要是靠提高振荡管的静态电流值。但是如静态电流取得太大,振荡管工作范围容易进入饱和区,输出阻抗降低使振荡波形失真,严重时,甚至会使振荡器停振。所以在实际中,静态电流值一般为 $I_{CO}=0.5\ \text{mA}-5\ \text{mA}$。

频率稳定度是振荡器的一项十分重要技术指标,这表示在一定的时间范围内或一定的温度、湿度、电压、电源等变化范围内振荡频率的相对变化程度,振荡频率的相对变化量越小,则表明振荡器的频率稳定度越高。

改善振荡频率稳定度,从根本上来说就是力求减小振荡频率受温度、负载、电源等外界因素影响的程度,振荡回路是决定振荡频率的主要部件。因此改善振荡频率稳定度的最重要措施是提高振荡回路在外界因素变化时保持频率不变的能力,这就是所谓的提高振荡回路的标准性。

提高振荡回路标准性除了采用稳定性好和高 Q 的回路电容和电感外,还可以采用与正温度系数电感作相反变化的具有负温度系数的电容,以实现温度补偿作用,或采用部分接入的方法以减小不稳定的晶体管极间电容和分布电容对振荡频率的影响。

石英晶体具有十分稳定的物理和化学特性,在谐振频率附近,晶体的等效参量 L_q 很大,C_q 很小,R_q 也不大,因此晶体 Q 值可达到百万数量级,所以晶体振荡器的频率稳定度比 LC 振荡器高很多。

四、实验线路及设计

实验电原理图如图 4.2.3 所示。电源供电为 12 V,振荡管 Q_{52} 为 3DG12C,隔离级晶体管 Q_{51} 也为 3DG12C,LC 振工作频率为 10.7 MHz,晶体振为 10.245 MHz。

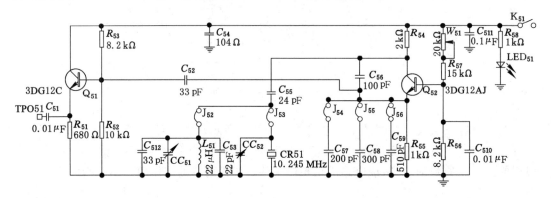

图 4.2.3　振荡器电原理图

(1) 静态工作电流的确定

选 $I_{CQ}=2\ \text{mA}$　$V_{CEQ}=6\ \text{V}$　$\beta=60$

则有 $R_{55}+R_{54}=\dfrac{U_{CC}-U_{CEQ}}{I_{CQ}}=3\ \text{k}\Omega$

为提高电路的稳定性,R_E 值适当增大,取 $R_{55}=1\ \text{k}\Omega$ 则 $R_{54}=2\ \text{k}\Omega$

则 $U_{EQ}=I_{CQ}\cdot R_E=2\times1=2\ \text{V}$

$$I_{BQ}=I_{CQ}/\beta=1/30\ \text{mA}$$

取流过 R_{56} 的电流为 $10I_{BQ}$

则 $R_{57}=8.2\ \text{k}\Omega$　　　　则 $R_{57}+W_{51}=28\ \text{k}\Omega$

R_{57} 取 $=5.1\ \text{k}\Omega$,　　　　W_{51} 为 $50\ \text{k}\Omega$ 的可调电阻

（2）确定主振回路元器件

$$f_0=\frac{1}{2\pi\sqrt{LC}}$$

当为 LC 振荡时，$f_0=10.7\ \text{MHz}$　　设 $L=L_{51}=2.2\ \mu\text{H}$

则 $C=\dfrac{1}{(2\pi f_0)^2 L}=100\ \text{pF}$

$$C=C_{53}+CC_{51}+C_{512}+C_{55}\parallel C_{56}\parallel C_{57}$$

由　　　　　　　　C_{56}、C_{57} 远大于 $C_{55}[C_{53}$、CC_{51}、$C_{512}]$

所以　　　　　　　　$C\approx CC_{53}+CC_{51}+C_{55}+C_{512}$

取 C_{55} 为 $24\ \text{pF}$；$C_{53}+C_{512}$ 为 $55\ \text{pF}$（而实际上对高频电路由于分布电容的影响，往往取值要小于此值）；C_{51} 为 $3\sim30\ \text{pF}$ 的可调电容。

而　　　　　　　　$C_{56}/C_{57}(C_{58}、C_{59})=1/2-1/8$

则取　　　　　　　　　　　　$C_{56}=100\text{P}$

而对于晶体振荡，只并联一可调电容进行微调即可。

五、实验内容

按下开关 K_{51}，调整静态工作点：调 W_{51} 使 $V_{R55}=2\ \text{V}$（即测 C_{56} 处焊盘的电压，如图 4.2.3 所示）。

1. 准备

（1）连接好 J_{54}、J_{52}，调节可调电容 CC_{51}，通过示波器和频率计在 TPO_{51} 处观察振荡波形，并使振荡频率为 $10.7\ \text{MHz}$（在本实验中可调范围不窄于 $10\sim12\ \text{MHz}$）。

（2）断开 J_{52}，接通 J_{53}，微调 CC_{52}，使振荡频率为 $10.245\ \text{MHz}$。

2. 观察振荡状态与晶体管工作状态的关系

断开 J_{53}，连好 J_{52}，用示波器在 TPO_{51} 观察振荡波形，调节 W_{51}，观察 TPO_{51} 处波形的变化情况，并测量波形变化过程中的 C_{56} 处焊盘电压且计算对应的 I_E。

3. 观察反馈系数对振荡器性能的影响（只作 LC 振荡）

用示波器在 TPO_{51} 处观察波形。

分别连接 J_{54}、J_{55}、J_{56} 或组合连接使 $C_{56}/C_{57}\parallel C_{58}\parallel C_{59}$ 等于 $1/3$、$1/5$、$1/6$、$1/8$ 时，幅度的变化并实测，反馈系数是否与计算值相符，同时，分析反馈大小对振荡幅度的影响。

4. 比较 LC 振荡器和晶体振荡器频率稳定度

分别接通 J_{53}、J_{52}，在 TPO_{51} 处用频率计观察频率变化情况。

5. 观察温度变化对振荡频率的影响

分别接通 J_{53}、J_{52}，用电吹风在距电路 $15\ \text{cm}$ 处对着电路吹热风，用频率计在 TPO_{51} 处观察频率变化情况。

六、实验报告内容

1. 整理实验所测得的数据，并用所学理论加以分析。

2. 比较 LC 振荡器与晶体振荡器的优缺点。

3. 分析为什么静态电流 I_{eo} 增大，输出振幅增加，但 I_{eo} 过大反而会使振荡器输出幅度下降？

实验 4.3 高频小信号调谐放大器

一、实验目的

1. 掌握高频小信号调谐放大器的工作原理；

2. 掌握高频小信号调谐放大器的调试方法；

3. 掌握高频小信号调谐放大器各项技术参数的测试（电压放大倍数，通频带，矩形系数）的测试方法。

二、实验仪器

1. 频谱分析仪（选项），1 台；

2. 20 MHz 双踪模拟示波器，1 台；

3. 万用表，1 个；

4. 调试工具，1 套。

三、实验原理

1. 高频小信号调谐放大器各项技术参数

高频小信号放大器通常是指接收机中混频前的射频放大器和混频后的中频放大器。要求高频放大器应具有一定增益和频率选择特性，技术参数如下。

增益表示高频小信号调谐放大器放大微弱信号的能力。

（1）通频带和选择性

高频小信号调谐放大器的频率特性曲线如图 4.3.1 所示。通常规定放大器的电压增益下降到最大值的 0.707 倍时，所对应的频率范围为高频放大器的通频带，用 $B_{0.7}$ 表示。衡量放大器的频率选择性，通常引入参数——矩形系数 $K_{0.1}$，它定义为

$$K_{0.1} = \frac{B_{0.1}}{B_{0.7}}$$

式中，$B_{0.1}$ 为相对放大倍数下降到 0.1 处的带宽，如图 4.3.1 所示。显然，矩形系数越小，选择性越好，其抑制邻近无用信号的能力就越强。

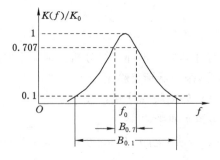

图 4.3.1 高频小信号调谐放大器的频率特性曲线

（2）稳定性

电路稳定是放大器正常工作的首要条件。不稳定的高频放大器当电路参数随温度等因素发生变化时，会出现明显的增益变化、中心频率偏移和频率特性曲线畸变，甚至发生自激振荡。由于高频工作时，晶体管内反馈和寄生反馈较强，因此高频放大器很容易自激。因

此,必须采取多种措施来保证电路的稳定,如合理地设计电路、限制每级的增益和采取必要的工艺措施等。

（3）噪声系数

为了提高接收机的灵敏度,必须设法降低放大器的噪声系数。高频放大器由多级组成,降低噪声系数的关键在于减小前级电路的内部噪声。因此,在设计前级放大器时,要求采用低噪声器件,合理地设置工作电流等,使放大器在尽可能高的功率增益下噪声系数最小。

2. 高频小信号放大器的原理和设计方法

（1）工作原理

实验电路如图 4.3.2 所示。该电路是一晶体管共发射极单调谐回路谐振放大器,放大管选用 3DG12C,RA_5、RA_3、RA_4、RA_6、WA_1 组成偏置电路,调节 WA_1 改变电路的静态工作点。电容 CCA_3、CA_3 和变压器 TA_1 组成单调谐回路与集电极直接相连,并通过变压器耦合将信号输出给下级负载。由于放大器负载为 LC 并联谐振电路因此具有选频特性。

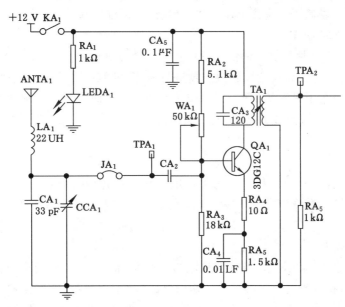

图 4.3.2　高频小信号放大器电原理图

（2）主要技术指标:谐振频率 $f_0 = 10.7$ MHz,谐振电压放大倍数 $A_{V0} \geqslant 10$ dB,通频带 $B_{0.7} = 1$ MHz,矩形系数 $K_{0.1} < 10$。因 f_T 比工作频率 f_0 大 5～10 倍,所以选用 3DG12C,选择 $\beta = 50$,工作电压为 12 V,查手册得 $r_{b'b} = 70$,$C_{b'c} = 3$ pF,当 $I_E = 1.5$ mA 时 $C_{b'e}$ 为 25 pF,取 $L \approx 1.8$ μH,变压器初级 $N_2 = 23$ 匝,次级为 10 匝。

由于放大器是工作在小信号放大状态,放大器工作电流 I_{CQ} 一般选取 0.8～2 mA 为宜,电路中取 $I_E = 1.5$ mA,$u_{EQ} = 3$ V。耦合电容取值 $CA_2 = 0.1$ μF,旁路电容 $CA_4 = 0.1$ μF。

四、实验内容

电路调试应先静态后动态,即先调静态工作点,然后再调谐振回路。

按下开关 KA_1,接通 12 V 电源,$LEDA_1$ 亮,断开 JA_1 和 JB_1。

调整晶体管的静态工作点:

在不加输入信号(即 $u_i=0$),将测试点 TPA_1 接地,用万用表直流电压挡(20 V 挡)测量放大管射极的电压(在实验箱上为晶体管 QA_1 下焊盘),调整可调电阻 WA_1,使 $u_{EQ}=2.25$ V(即使 $I_E=1.5$ mA),根据电路计算此时的 u_{BQ}、u_{CEQ}、u_{EQ} 及 I_{EQ} 值。

(1) 调谐放大器的谐振回路使谐振在 10.7 MHz

方法一:用 BT-3 频率特性测试仪的扫频电压输出端和检波探头,分别接电路的信号输入端 TPA_1 及测试端 TPA_2,通过调节 y 轴,放大器的"增益"旋钮和"输出衰减"旋钮于合适位置,调节中心频率度盘,使荧光屏上显示出放大器的幅频谐振特性曲线,根据频标指示用无感起子慢慢旋动变压器的磁芯(变压器的磁芯易碎,一定要谨慎操作!),使中心频率 $f_0=$ 10.7 MHz 时所对应的幅值最大。

方法二:如果没有频率特性测试仪,也可用示波器来观察调谐过程。在 TPA_1 处由高频信号源提供频率为 10.7 MHz 的载波,V_{p-p} 为 20~100 mV 的信号,用示波器探头在 TPA_2 处测试(在示波器上看到的是正弦波),调节变压器 TA_1 磁芯和可变电容 CCA_1 使示波器波形最大(即调好后,磁芯不论是往上还是往下旋转,波形幅度都减小)。

(2) 测量电压增益 A_{V0}

在有 BT-3 频率特性测试仪的情况下用频率特性测试仪测量 A_{V0},测量方法如下。

在测量前,先要对测试仪的 y 轴放大器进行校正,即零分贝校正,调节"输出衰减"和"y 轴增益"旋钮,使屏幕上显示的方框占有一定的高度,记下此时的高度和此时"输出衰减"的读数 N_1 dB,然后接入被测放大器,改变扫频仪的"输出衰减",使谐振曲线清晰可见,记下此刻"输出衰减"值 N_2 dB,则电压增益为

$$A_{V0}=(N_2-N_1)\text{dB}$$

在无 BT-3 频率特性测试仪的情况下,可以由示波器直接测量。用示波器测输入信号的峰-峰值,记为 U_i;测输出信号的峰-峰值记为 U_o。则小信号放大的电压放大倍数为 U_o/U_i。

(3) 测量通频带 Bw

用扫频仪测量 Bw:先调节"频率偏移"(扫频宽度)旋钮,使相邻两个频标在横轴上占有适当的格数,然后接入被测放大器,调节"输出衰减"和 y 轴增益,使谐振特性曲线在纵轴占有一定高度,测出其曲线下降 3 dB 处两对称点在横轴上占有的宽度,根据内频标就可以近似算出放大器的通频带。

(4) 测量放大器的选择性

放大器选择性的优劣可用放大器谐振曲线的矩形系数 $K_{0.1}$ 表示。

用(3)中同样的方法测出 $B_{0.1}$ 即可得:

$$K_{0.1}=\frac{B_{0.1}}{B_{0.7}}$$

由于处于高频区,分布参数的影响存在,放大器的各项技术指标满足设计要求后的元件参数值与设计计算值有一定的偏差,所以在调试时要反复仔细调整才能使谐振回路处于谐振状态。在测试时要保证接地良好。

五、实验报告要求

1. 整理好实验数据,用方格纸画出幅特性曲线。

2. 思考:引起小信号谐振放大器不稳的原因是什么?如果实验中出现自激现象,应该

怎样消除？

实验 4.4　二极管开关混频器实验

一、实验目的
1. 进一步掌握变频原理及开关混频原理。
2. 掌握环形开关混频器组合频率的测试方法。
3. 了解环形开关混频器的优点。

二、实验仪器
1. 频谱分析仪（选项），1 台；
2. 20 MHz 双踪模拟示波器，1 台；
3. 万用表，1 个；
4. 调试工具，1 套。

三、实验原理
1. 混频器的原理

混频（或变频）是将信号的频率由一个数值变换成另一个数值的过程。完成这种功能的电路称为混频器（或变频器）。如广播收音机，中波波段信号载波的频率为 535 kHz～1.6 MHz，接收机中本地振荡的频率相应为 1～2.065 MHz，在混频器中这两个信号的频率相减，输出信号的频率等于中频频率 465 kHz。

变频器的原理方框图如图 4.4.1 所示。混频器电路是由信号相乘电路、本地振荡器和带通滤波器组成。信号相乘电路的输入一个是外来的已调波 u_s，另一个是由本地振荡器产生的等幅正弦波 u_1。u_s 与 u_1 相乘，产生和、差频信号，再经过带通滤波器取出差频（或和频）信号 u_i。

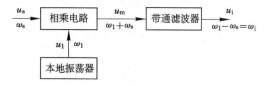

图 4.4.1　变频器的原理方框图

根据所选用的非线性元件不同，可以组成不同的混频器。如二极管混频器、晶体管混频器、场效应混频器和集成模拟乘法器混频器等。这些混频器各有其优缺点。随着生产和科学技术的发展，人们逐渐认识到由二极管组成的平衡混频器和环形混频器较晶体管混频器具有动态范围大、噪声小和本地振荡无辐射、组合频率少等优点，目前被广泛采用。

混频器的主要技术指标如下。

（1）混频增益 K_{pc}

混频增益 K_{pc} 是指混频器输出的中频信号功率 P_i 与输入信号功率 P_s 之比。

$$K_{pc} = \frac{P_i}{P_s}$$

（2）噪声系数 N_F

混频器由于处于接收机电路的前端,对整机噪声性能的影响很大,所以减小混频器的噪声系数是至关重要的。

（3）混频失真与干扰

混频器的失真有频率失真和非线性失真。此外,由于器件的非线性还存在着组合频率干扰。这些组合频率干扰往往是伴随有用信号而存在的,严重影响了混频器的正常工作。因此,如何减小失真与干扰是混频器研究中的一个重要问题。

（4）选择性

所谓选择性是指混频器选取出有用的中频信号而滤除其他干扰信号的能力。选择性越好输出信号的频谱纯度越高。选择性主要取决于混频器输出端的中频带通滤波器的性能。

2. 二极管环形混频器

实验系统的二极管开关混频器模块为一二极管环形混频器电路,它由 4 个单二极管混频器采用平衡对消技术组合而成,如图 4.4.2 所示。

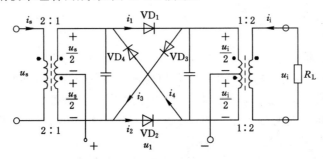

图 4.4.2　二极管环形混频器电路

各二极管的电流分别为：

$$i_1 = g_D k_1(\omega_1 t)\left(u_1 + \frac{u_s}{2} - \frac{u_1}{2}\right)$$

$$i_3 = g_D k_1(\omega_1 t - \pi)\left(-u_1 + \frac{u_s}{2} - \frac{u_i}{2}\right)$$

$$i_2 = g_D k_1(\omega_1 t)\left(u_1 + \frac{u_s}{2} - \frac{u_i}{2}\right)$$

$$i_4 = g_D k_1(\omega_1 t - \pi)\left(-u_1 + \frac{u_s}{2} - \frac{u_i}{2}\right)$$

式中,g_D 为二极管跨导,$k_1(\omega t)$ 是单向开关函数。因此混频器总的输出电流

$$i_1 = \frac{1}{2}\left[(i_1 - i_2) - (i_3 - i_4)\right] = \frac{1}{2} g_D k_2(\omega_1 t) u_s - \frac{1}{2} g_D u_i$$

同时可以导出输入电流

$$i_1 = \frac{1}{2}\left[(i_1 - i_4) + (i_3 - i_2)\right] = \frac{1}{2} g_D u_s - \frac{1}{2} g_D k_2(\omega_1 t) u_i$$

由以上两式导出输出中频电流的幅值和输入信号电流的幅值

$$I_i = \frac{1}{\pi} g_D U_{sm} - \frac{1}{2} g_D U_{im}$$

$$I_s = \frac{1}{2} g_D U_{sm} - \frac{1}{\pi} g_D U_{im}$$

3. 实验电原理图

二极管开关混频器模块电原理图如图 4.4.3 所示,图中二极管环形混频器采用集成环形开关混频器 MIX41,型号为 HSPL-1,其封装外引脚功能如下:

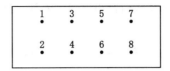

其中,1 脚为射频信号输入端,8 脚为本振信号输入端,3 脚、4 脚为中频信号输出端,2、5、6、7 脚接地。

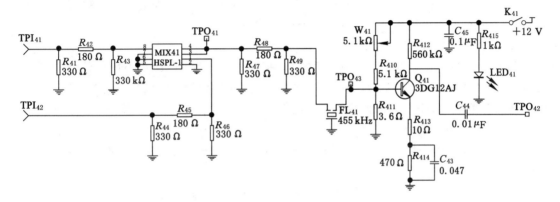

图 4.4.3 二极管开关混频器模块电路原理图

本混频器的本振输入信号为 $+3\sim+13$ dBm,用高频信号源输入本振信号,频率选为 10.7 MHz,而射频信号是由正弦振荡部分产生的 10.245 MHz 的信号。输出取差频 $10.7-10.245=455$ kHz 信号,经过 455 kHz 的陶瓷滤波器 FL_{41} 进行滤波,选取中频信号,因信号较弱,经 Q_{41} 进行放大。此放大电路的静态工作电流为 $I_{CQ}=7$ mA($V_E=3.36$ V)。

选 $R_{414}=R_E=470$ Ω,取 $R_C=R_{412}=560$ Ω。$R_{411}=3.6$ kΩ,$R_{410}=5.1$ kΩ,$W_{41}=5.1$ kΩ,R_{41}、R_{42}、R_{43}、R_{44}、R_{45}、R_{46}、R_{47}、R_{48}、R_{49} 组成隔离电路。

因为频率较高,信号较强,且信号引入较长,存在一定感应,在输出可能存在一定强度的本振信号和射频信号。

四、实验内容

因混频器是一非线性器件,输出的组合频率较多,为了能够更好地观察输出信号,建议使用频谱分析仪来对混频器输出端的信号进行测试。

1. 熟悉频谱分析仪的使用。

2. 调整静态工作点:按下开关 K_{41},调节电位器 W_{41} 使三极管 Q_{41} 的 $U_{EQ}=3.36$ V(R_{413} 旁焊盘的电压)。

3. 接通射频信号(从 TPI_{42} 输入),射频信号选用 10.245 MHz,此信号由正弦振荡部分产生(产生的具体方法参见实验 4.2 正弦波振荡器实验,连接 J_{54}、J_{53};其余插键断开,也就是说,由 10.245 MHz 晶体产生该信号,信号从 TPO_{51} 输出)。

4. 输入本振信号:从 TPI_{41} 注入本振信号,本振信号由信号源部分提供,频率为 10.7

MHz 的载波信号(产生的方法参考高频信号源的使用),大小为:用示波器观测,V_{p-p} 不小于 300 mV。

5. 验证环形开关混频器输出组合频率的一般通式(选做)。

用频谱仪在 TPO_{41} 处观察混频器的输出信号,验证环形开关混频器输出组合频率的一般通式为

$$(2p+1)f_1 + f_s \qquad (p=0,1,2,\cdots)$$

同时用示波器在 TPO_{41} 处观察波形。

6. 测量输出回路:用频谱仪在 TPO_{43} 处观察步骤 5 所测到的频率分量,计算选频回路对除中频 455 kHz 之外的信号的抑制程度,同时用示波器在 TPO_{42} 处观察输出波形,比较 TPO_{41} 和 TPO_{42} 处波形形状。(输出的中频信号为信号源即 TPI_{41} 处信号和射频信号 TPI_{42} 处信号的差值,结果可能不是准确的 455 kHz,而在其附近)。

7. 观察混频器的镜像干扰。

TPI_{41} 处信号不变。由正弦振荡单元的 LC 振荡部分产生 11.155 MHz 的信号(产生的具体方法参见实验二正弦振荡部分实验内容),作为 TPI_{42} 处的输入信号。观察 TPO_{42} 处的信号是否也为 455 kHz。此即为镜像干扰现象。

五、实验报告内容

1. 整理本实验步骤 5、6 中所测得的各频率分量的大小,并计算选频电路对中频以外的分量的抑制度。

2. 绘制步骤 5、6 中分别在 TPO_{41}、TPO_{42} 处用示波器测出的波形。

3. 说明镜像干扰引起的后果,如何减小镜像干扰。

实验 4.5　集电极调幅与二极管包络检波

一、实验目的

1. 进一步加深对集电极调幅和二极管大信号检波工作原理的理解;

2. 掌握动态调幅特性的测试方法;

3. 掌握利用示波器测量调幅系数 m_a 的方法;

4. 观察检波器电路参数对输出信号失真的影响。

二、实验仪器

1. 20 MHz 双踪模拟示波器,1 台;

2. BT-3 频率特性测试仪(选项),1 台。

三、实验原理与线路

1. 集电极调幅的工作原理

集电极调幅是利用低频调制电压来控制晶体管的集电极电压,通过集电极电压的变化,使集电极高频电流的基波分量随调制电压的规律变化,从而实现调幅。集电极调幅是利用丙类放大器集电极调制特性。丙类放大器集电极调制特性如图 4.5.1 所示。在过压区域,输出电压幅度 U_{cm} 与 E_C 成正比。正是利用这一特点,可以通过控制 E_C 的变化,实现电压、电流、功率的相应变化,实现集电极调幅。

集电极调制电路中,晶体管应该始终工作在过压状态。把调制信号 u_Ω 与直流电压 E_{C0}

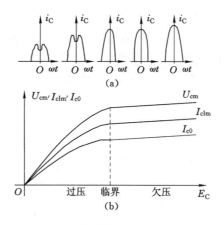

图 4.5.1　丙类放大器集电极调制特性

串联,使晶体管的集电极直流电压变成为 $E_c = E_{CO} + u_\Omega$。通过 E_c 的变化,控制 I_{co}、I_{clm} 变化,从而实现调制。

2. 二极管包络检波的工作原理

包络检波方法是将单极性信号通过电阻和电容组成的惰性网络,取出单极性信号的峰值信息,这种包络检波器称为峰值包络检波器。最常用的是二极管峰值包络检波器,如图 4.5.2(a)所示。图中输入信号 u_s 为 AM 调幅波,RC 并联网络两端的电压为输出电压 u_o,二极管 V_D 两端的电压 $u_D = u_s - u_o$。当 $u_D > 0$ 时,二极管导通,信源 u_s 通过二极管对电容 C 充电,充电的时常数约等于 R_DC。由于二极管导通电阻 R_D 很小,因此电容上的电压迅速达到信源电压 u_s 的幅值。当 $u_D < 0$ 时,二极管截止,电容 C 通过电阻 R 放电。若选取 RC 的数值满足

$$RC \gg \frac{1}{\omega_C}, RC \ll \frac{1}{\Omega}$$

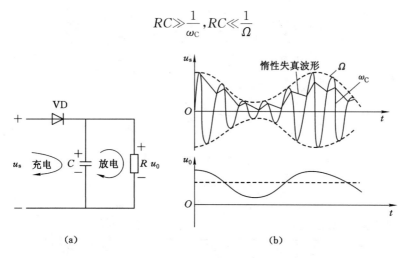

图 4.5.2　二极管峰值包络检波器

即电容放电的时常数 RC 远大于载波周期 T_c,而远小于调制信号周期 T。那么,电容 C 两端的电压变化速率将远大于包络变化的速率,而远小于高频载波变化的速率。因此,二极管截止期间,u_o 不会跟随载波变化,而是缓慢地按指数规律下降。当下降到重新出现 $u_D > 0$

时，二极管又导通，电容又被充电到 u_s 的幅值；当再次现出 $u_D<0$ 时，二极管再截止，电容再通过电阻放电。如此充电、放电反复进行，在电容两端就可得到一个接近输入信号峰值的低频信号，再经过滤波平滑，去掉叠加在上面的高频纹波，得到的就是调制信号。充放电过程如图 4.5.2(b)所示。如电路设计不合理，峰值包络检波器会产生惰性失真和负峰切割失真。

(1)惰性失真。为了提高电压传输系数和减少检波特性的非线性引起的失真，必须加大电阻 R。而电阻 R 越大，时常数 RC 越大，在二极管截止期间电容的放电速率越小。当电容器的放电速率低于输入电压包络的变化速率时，电容器上的电压就不再能跟随包络的变化，从而出现失真，如图 4.5.3 所示。

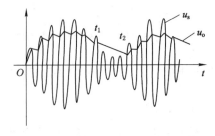

图 4.5.3　惰性失真

(2) 负峰切割失真。检波器与下级电路级联工作时，往往下级只取用检波器输出的交流电压，因此在检波器的输出端串接隔直流电容 C_C，如图 4.5.4 所示。当负载网络两端的电压 $u_{AB} \approx U_{m0}(1+m_a \cos \Omega t)$ 时，相应的输出电流

$$I_{Do}=I_0+I_1 \cos \Omega t$$

其中

$$I_0=\frac{U_{m0}}{Z_L(0)}=\frac{U_{m0}}{R}, I_1=\frac{m_a U_{m0}}{Z_L(\Omega)}=\frac{m_a U_{m0}}{R_L /\!\!/ R}$$

其中 $Z_L(0)$ 和 $Z_L(\Omega)$ 分别为下级电路的直流电阻和交流电阻。因此，$Z_L(\Omega)<Z_L(0)$ 时就有可能出现 $I_1>I_0$ 的情况。

$$\frac{m_a}{Z_L(\Omega)}<\frac{U_{m0}}{Z_L(0)}$$

$$m_a<\frac{Z_L(\Omega)}{Z_L(0)}<\frac{R_L}{R_L+R}$$

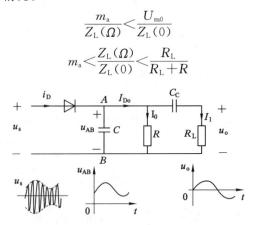

图 4.5.4　二极管峰值包络检波

这种情况一旦出现,在 $\cos\Omega t$ 的负半周就会导致 $I_{Do}<0$。在 $I_{Do}<0$ 的范围内,二极管截止,负载网络两端的电压不可能跟随输入电压包络的变化,从而产生失真。由于这种失真出现在输出电压的负半周,所以称为负峰切割失真,也叫底部失真,如图 4.5.5 所示。要想不产生负峰切割失真就应当使 I_1 始终小于 I_0,即应满足 $I_1<I_0$ 恒成立。

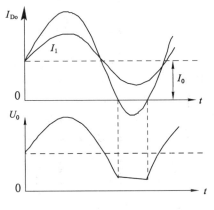

图 4.5.5　负峰切割失真

3. 实验线路

本实验的原理电路图如 4.5.6 所示。

图中 Q_{62} 为驱动管,Q_{61} 为调幅晶体管。晶体管 Q_{62} 工作于甲类,Q_{61} 工作于丙类,10.7 MHz 载波信号由高频信号源从 TPI_{61} 输入,CC_{62}、C_{613} 与 T_{63} 组成的调谐电路及 CC_{61}、C_{63} 与 T_{61} 组成的调谐电路调谐在 10.7 MHz 载波频率上。调制信号从 TPI_{63} 处输入,D_{61} 为检波管,R_{63}、R_{64}、R_{65} 为检波器的直流负载,C_{66}、R_{63}、C_{67} 组成低通滤波器,C_{610} 为耦合电容,R_{67}、R_{66}、R_{610} 为下级输入电阻。

四、实验内容

1. 调整集电极调幅的工作状态。

按下 K_{61},调 W_{61},使 Q_{61} 的静态工作点为 $UEQ=1.2$ V(即 R_{612} 旁焊盘的电压)。用频率特性测试仪测试电路,调节 T_{63}、T_{61} 的磁芯及可调电容 CC_{61}、CC_{62} 分别使 C_{63} 与 T_{61} 及 C_{613} 与 T_{63} 初级线圈形成的调谐回路谐振在 10.7 MHz 处(如果没有频率特性测试仪,则这一步略过;磁芯易碎,调节时应小心)。

2. 从 TPI_{61} 处注入 10.7 MHz 的载波信号(大小约为 250 mV,此信号由高频信号源提供。为了更好地得到调幅波信号,在实验过程中应微调 10.7 MHz 信号的大小),在 TPO_{61} 处用示波器观察输出波形,调节 T_{63}、T_{61} 的磁芯及可调电容 CC_{61}、CC_{62},使 TPO_{61} 处输出信号最大且不失真。

3. 测试动态调制特性。

用示波器从 Q_{61} 发射极测试输出电流波形(测试点为 TPO_{63}),改变从 TPI_{61} 处输入信号的大小(即调 WF_1,信号幅度从小到大),直到观察到电流波形顶点有下凹现象为止,此时,Q_{61} 工作于过压状态,保持输入信号不变,从 TPI_{63} 处输入 1 kHz 的调制信号(调制信号由低频信号源提供),调制信号的幅度由 0 V 开始增加(信号最大时为 $V_{p-p}=5$ V)。此时用示波器在 TPO_{61} 处可以看到调幅信号(图 4.5.7)。改变调幅信号大小,由式 $m_a=\dfrac{A-B}{A+B}\times100\%$

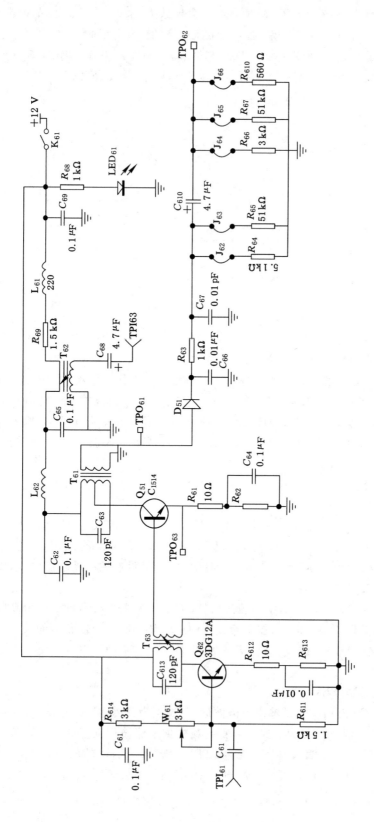

图4.5.6 实验电原理图

计算出不同 V_Ω 时的调幅系数 m_a，填入下表。

V_Ω/V	0.5	1	2	3	…
m_a					

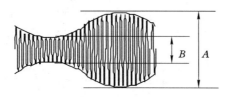

图 4.5.7　调幅系数测量

4. 观察检波器的输出波形。

从 TPO$_{62}$ 用示波器观察检波器输出波形，分别连接 J$_{62}$、J$_{63}$、J$_{64}$、J$_{65}$，在 TPO$_{62}$ 处观察输出波形。

（1）观察检波器不失真波形（参考连接为 J$_{62}$、J$_{65}$，可有相应变动）。

（2）观察检波器输出波形与调幅系数 m_a 的关系。

（3）在检波器输出波形不失真的基础上，改变直流负载，观察"对角线切割失真"现象，若不明显，可加大 m_a（参考连接为 J$_{63}$、J$_{65}$，可有相应变动）。

（4）在检波器输出不失真的基础上，连接下一级输入电阻，观察"负峰切割失真"现象（参考连接为 J$_{62}$、J$_{64}$，可有相应变动）。

五、实验报告内容

1. 整理实验所得数据。

2. 画出不失真和各种失真的调幅波波形。

3. 画出当参数不同时，各种检波器的输出波形。

实验 4.6　变容二极管调频

一、实验目的

1. 掌握变容二极管调频的工作原理；

2. 学会测量变容二极管的 $C_j \sim V$ 特性曲线；

3. 学会测量调频信号的频偏及调制灵敏度。

二、实验仪器

1. 20 MHz 双踪模拟示波器，1 台；

2. 频谱仪（选项），1 台。

三、实验原理与线路

1. 实验原理

（1）变容二极管调频原理

所谓调频，就是用调制信号去控制载波（高频振荡）的瞬时频率，使其按调制信息的规律变化。设调制信号：$v_\Omega(t) = V_{\Omega m} \cos \Omega t$ 载波 $v_C(t) = V_{Cm} \cos(\omega_C t + \varphi)$。根据定义，调频时载波

的瞬时频率随调制信号线性变化,载波频率的变化为

$$\Delta\omega(t)=k_{\mathrm{f}}v_{\Omega}(t)=k_{\mathrm{f}}V_{\Omega m}\cos\Omega t=\Delta\omega_{\mathrm{m}}\cos\Omega t$$

调频信号的表示可以写成

$$v_{\mathrm{FM}}(t)=V_{m0}\cos(\omega_{\mathrm{C}}t+m_{\mathrm{f}}\sin\Omega t+\varphi_0)$$

式中,$\Delta\omega=K_{\mathrm{f}}V_{\Omega}$ 是调频波瞬时频率的最大偏移,简称频偏,它与调制信号的振幅成正比。比例常数 K_{f} 亦称调制灵敏度,代表单位调制电压所产生的频偏。$m_{\mathrm{f}}=K_{\mathrm{f}}V_{\Omega}/\Omega=\Delta\omega/\Omega=\Delta f/F$ 称为调频指数,是调频瞬时相位的最大偏移,它的大小反映了调制深度。

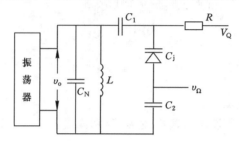

图 4.6.1   变容二极管调频原理

产生调频信号最常用的方法是利用变容二极管的特性直接产生调频波,其原理电路如图 4.6.1 所示。由于变容二极管 C_{j} 的电容值随外加电压 v_{Ω} 的变化而变化,因此振荡器输出信号 v_{o} 的频率也随着 v_{Ω} 的幅值变化,实现调频。变容二极管 C_{j} 通过耦合电容 C_1 并接在 LC_{N} 回路的两端,形成振荡回路总电容的一部分。因而,振荡回路的总电容 $C=C_{\mathrm{N}}+C_{\mathrm{j}}$ 振荡频率为:

$$f=\frac{1}{2\pi\sqrt{LC}}=\frac{1}{2\pi\sqrt{L(C_{\mathrm{N}}+C_{\mathrm{j}})}}$$

加在变容二极管上的反向偏压为:

$$V_{\mathrm{R}}=V_{\mathrm{Q}}(直流反偏)+v_{\Omega}(调制电压)+v_{\mathrm{o}}(高频振荡,可忽略)$$

变容二极管利用 PN 结的结电容制成,在反偏电压作用下呈现一定的结电容(势垒电容),而且这个结电容能灵敏地随着反偏电压在一定范围内变化,其关系曲线称 $C_{\mathrm{j}}\sim v_{\mathrm{R}}$ 曲线,如图 4.6.2 所示。

由图可见,未加调制电压时,直流反偏 V_{Q} 所对应的结电容为 $C_{\mathrm{j\Omega}}$。当反偏增加时,C_{j} 减小;反偏减小时,C_{j} 增大,其变化具有一定的非线性,当调制电压较小时,近似为工作在 $C_{\mathrm{j}}\sim v_{\mathrm{R}}$ 曲线的线性段,C_{j} 将随调制电压线性变化,当调制电压较大时,曲线的非线性不可忽略,它将给调频带来一定的非线性失真。

设未调制时的载波频率为 f_0,C_0 为调制信号为 0 时的回路总电容,C_{m} 是变容二极管结电容变化的最大幅值,则

$$C_0=C_{\mathrm{N}}+C_{\mathrm{jQ}}$$

$$f_0=\frac{1}{2\pi\sqrt{L(C_{\mathrm{N}}+C_{\mathrm{jQ}})}}$$

频偏
$$\Delta f=\frac{1}{2}(f_0/C_0)C_{\mathrm{m}}$$

振荡器振荡频率
$$f(t)=f_0+\Delta f(t)=f_0+\Delta f\cos\Omega t$$

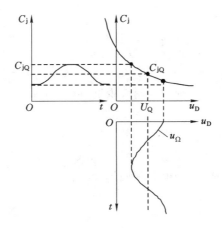

图 4.6.2　变容管结电容随外加电压的变化曲线

由此可见：振荡频率随调制电压线性变化，从而实现了调频。其频偏 Δf 与回路的中心频率 f_0 成正比，与结电容变化的最大值 C_m 成正比，与回路的总电容 C_0 成反比。

为了减小高频电压对变容二极管的作用，减小中心频率的漂移，常将图 4.6.1 中的耦合电容 C_1 的容量选得较小（与 C_j 同数量级），形成部分接入式变容二极管调频电路。对部分接入式变容二极管调频电路进行理论分析可得到其频偏公式：

$$\Delta f' \approx P^2 \cdot \frac{1}{2}(f_0/C_0)C_m = P^2 \Delta f$$

式中，$P = C_1/(C_1 + C_{jQ})$ 为接入系数。

关于直流反偏工作点电压的选取，可由变容二极管的 $C_j \sim \upsilon_R$ 曲线决定。从曲线中可见，对不同的 υ_R 值，其曲线得斜率（跨导）$S_C = \Delta C_j/\Delta \upsilon$ 各不相同。υ_R 较小时，S_C 较大，产生的频偏也大，但非线性失真严重，同时调制电压不宜过大。反之，υ_R 较大时，S_C 较小，达不到所需频偏的要求，所以 V_Q 一般先选在 $C_j \sim \upsilon_R$ 曲线线性较好，且 S_C 较大区段的中间位置，大致为手册上给的反偏数值，例 2CC1C，$V_Q = 4\ \text{V}$。本实验将具体测出实验板上变容二极管的 $C_j \sim \upsilon_R$ 曲线，并由同学们自己选定 V_Q 值，测量其频偏 Δf 的大小。

（2）变容二极管 $C_j \sim \upsilon_R$ 曲线的测量。设 C_{jx} 为变容二极管加不同反偏 υ_{Rx} 时的结电容，其对应的振荡频率为 f_x；若断开变容二极管，由 C_N、L 组成的并联谐振电路，对应的振荡频率为 f_N，则它们分别为：

$$f_x = \frac{1}{2\pi\sqrt{L(C_N + C_{jx})}}$$

$$f_N = \frac{1}{2\pi\sqrt{LC_N}}$$

由上面两式可求得

$$C_{jx} = \frac{f_N^2 - f_x^2}{f_x^2} \cdot C_N = \left(\frac{f_N^2}{f_x^2} - 1\right) \cdot C_N \tag{4.6.1}$$

f_x、f_N 易测量，只要知道 C_N，就可测得变容二极管 $C_j \sim \upsilon_R$ 曲线。C_N 的测试方法如下：断开变容二极管，将一已知电容 C_K 并接在回路 LC_N 两端，此时对应的频率为 f_K，有

$$f_K = \frac{1}{2\pi\sqrt{L(C_N + C_K)}}$$

根据 f_N 可得：

$$C_N = \frac{f_K^2}{f_N^2 - f_K^2} \cdot C_K \qquad (4.6.2)$$

（3）调制灵敏度

单位调制电压所引起的频偏称为调制灵敏度，以 S_f 表示，单位为 kHz/V，即

$$S_f = |\Delta f| / u_{\Omega m} \qquad (4.6.3)$$

式中　$u_{\Omega m}$——调制信号的幅度（峰值）。

调制灵敏度 S_f 可以由变容二极管 C_{j-u} 特性曲线上 u_Ω 处的斜率 K_C 及式（4.6.3）计算 S_f 越大，调制信号的控制作用越强，产生的频偏越大。

2. 实验线路（图 4.6.3）

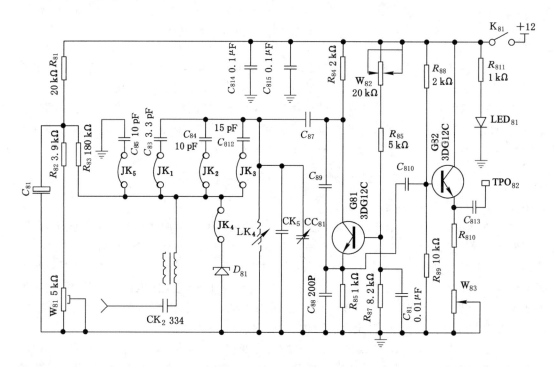

图 4.6.3　实验电原理图

使用 12 V 供电，振荡器 Q_{81} 使用 3DG12C，变容管使用 IT_{32}，Q_{82} 为隔离缓冲级。

主要技术指标：主振频率 $f_0 = 10.7$ MHz，最大频偏 $\Delta f_m = \pm 20$ kHz

本实验中，由 R_{82}、R_{82}、W_{81}、R_{83} 组成变容二极管的直流偏压电路。C_{83}、C_{84}、C_{812} 组成变容二极管的不同接入系数。TPI_{81} 为调制信号输入端，由 L_{84}、C_{88}、C_{87}、C_{89}、C_{85} 和振荡管组成 LC 调制电路。

四、实验内容

LC 调频电路实验

1. 连接 J_{82}、J_{84} 组成 LC 调频电路。

2. 接通电源调节 W_{81}，在变容二极管 D_{81} 负端用万用表测试电压，使变容二极管的反向偏压为 2.5 V。

3. 用示波器在 TPO_{82} 处观察振荡波形,调节 W_{82} 使输出信号幅值最大。用频率计测频率,调节 L_{84} ,使振荡频率为 10.7 MHz。

4. 从 TPI_{81} 处输入 1 kHz 的正弦信号作为调制信号(信号由低频信号源提供,参考低频信号源的使用。信号大小由零慢慢增大,用示波器在 TPO_{82} 处观察振荡波形变化,如果有频谱仪则可以用频谱仪观察调制频偏),此时能观测到一条正弦带。如果用方波调制则在示波器上可看到两条正弦波,这两条正弦波之间的相差随调制信号大小改变。

5. 分别接 J_{81} 、 J_{83} 重做实验 4。

6. (选做)测绘变容二极管的 $C_{jX} \sim V_{RX}$ 曲线。断开 J_{81} 、 J_{83} ,连接 J_{82} ,断开 TPI_{81} 的输入信号,使电路为 LC 自由振荡状态。

(1) 断开变容二极管 C_j (即断开 J_{84}),用频率计在 TPO_{82} 处测量频率 f_N 。

(2) 断开 C_j ,接上已知 C_K (即连通 J_{85} , $C_K = C_{86} = 10$ pF),在 TPO_{82} 处测量频率 f_K ,由式 (4.6.2)计算出 C_N 值,填入下表。

f_N		C_K	
f_K		C_N	

(3) 断开 C_K (即断开 J_{85}),接上变容二极管(即连接 J_{84}),调节 W_{81} ,测量不同反偏 V_{RX} 值时,对应的频率 f_X 值,代入式(4.6.1)计算 C_{jX} 值,填入下表。

V_{RX}/V	0.5	1	1.5	2	2.5	3	
f_X/MHz							
C_{jX}/pF							

(4) 作 $C_{jX} \sim V_{RX}$ 曲线。

(5) 作 $f_X \sim V_{RX}$ 曲线。

7. 用频谱仪观察调频信号(应接入变容二极管,即连 J_{84} ,断开 J_{85}),记下不同的 V_Ω 对应的不同的 Δf ,计算调制灵敏度 $S_f = |\Delta f| / u_{\Omega m}$ 的值。(如果没有频谱仪则此项不作要求)。

8. 观察频偏与接入系数的关系(此时应断开 J_{85} ,连接 J_{84})。

在直流偏值电压相同,输入调制信号相同的情况下,分别接连 J_{81} 、 J_{83} 测试所得的频偏,计算 $S_f = |\Delta f| / u_{\Omega m}$ 的,验证 $\Delta f' = P^2 \Delta f (\Delta f$ 为 7)中所测的值。

接入系数为 $P = \dfrac{C_{85}}{C_{85} + C_{JQ}}$ 。

9. 观察频偏与直流反偏电压的关系(此时应断开 J_{85} ,连接 J_{82} 、 J_{84})。

调节 W_{81} 观察调频信号的变化。

10. 观察频偏与调制信号频率的关系(此时应断开 J_{85} ,连接 J_{82} 、 J_{84})。

五、实验报告内容

1. 整理 LC 调频所测的数据,绘出观察到的波形。

2. 绘出 $C_{jX} \sim V_{RX}$ 曲线和 LC 调频电路的 $f_X \sim V_{RX}$ 曲线。

3. 从 $f_X \sim V_{RX}$ 曲线上求出 V_Ω 对应的 $K_f = \Delta f / \Delta V$ 值,与直接测量值进行比较。

实验 4.7　集成电路模拟乘法器的应用

一、实验目的

1. 了解模拟乘法器(MC1496)的工作原理,掌握其调整与特性参数的测量方法。

2. 掌握利用乘法器实验混频、平衡调幅、同步检波、鉴频等几种频率变换电路的原理及方法。

二、实验仪器

1. 双踪示波器,1 台;

2. 频率特性扫频仪(可选),1 台。

三、实验原理

1. 集成模拟乘法器的内部结构

集成模拟乘法器是完成两个模拟量(电压或电流)相乘的电子器件。在高频电子线路中,振幅调制、同步检波、混频、倍频、鉴频、鉴相等调制与解调的过程,均可视为两个信号相乘或包含相乘的过程。采用集成模拟乘法器实现上述功能比采用分离器件如二极管和三极管要简单得多。集成模拟乘法器的常见产品有 BG314、F1595、F1596、MC1495、MC1496、LM1595、LM1596 等。下面介绍 MC1496 集成模拟乘法器。

MC1496 的结构

MC1496 是双平衡四象限模拟乘法器。其内部电路图和引脚图如图 4.7.1 所示。其中 V_1、V_2 与 V_3、V_4 组成双差分放大器,V_5、V_6 组成的单差分放大器用以激励 $V_1 \sim V_4$。V_7、V_8 及其偏置电路组成差分放大器 V_5、V_6 的恒流源。引脚 8 与 10 接输入电压 u_x,1 与 4 接另一输入电压 u_y,输出电压 u_0 从引脚 6 与 12 输出。引脚 2 与 3 外接电阻 R_E,对差分放大器 V_5、V_6 产生串联电流负反馈,以扩展输入电压 U_y 的线性动态范围。引脚 14 为负电源端(双电源供电时)或接地端(单电源供电时),引脚 5 外接电阻 R_5。用来调节偏置电流 I_5 及镜像电流 I_0 的值。

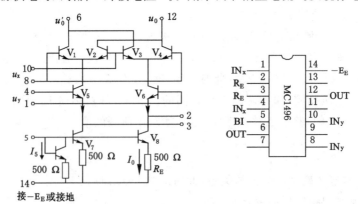

图 4.7.1　MC1496 的内部电路及引脚图

MC1496 可以采用单电源供电,也可以采用双电源供电,器件的静态工作点由外接元件确定,静态偏置电压的设置应保证各个晶体管工作在放大状态,即晶体管的集—基极间的电压应大于或等于 2 V,小于或等于最大允许工作电压。一般情况下,晶体管的基极电流很小,对于图 4.7.1(a),三对差分放大器的基极电流 I_8、I_{10}、I_1 和 I_4 可以忽略不计,因此器件的静态偏置电流主要由恒流源的值确定。当器件为单电源工作时,引脚 14 接地,5 脚通过一电阻 R_5 接正电源($+U_{CC}$ 的典型值为 $+12$ V),由于 I_0 是 I_5 的镜像电流,所以改变电阻 R_5 可以调节 I_0 的大小,即

$$I_0 \approx I_5 = \frac{u_{CC} - 0.7 \text{ V}}{R_5 + 500 \text{ }\Omega}$$

当器件为双电源工作时,引脚 14 接负电源 $-U_{EE}$(一般接 -8 V),5 脚通过一电阻 R_5 接地,因此,改变 R_5 也可以调节 I_0 的大小,即

$$I_0 \approx I_5 = \frac{|-u_{EE}| - 0.7 \text{ V}}{R_5 + 500 \text{ }\Omega}$$

根据 MC1496 的性能参数,器件的静态电流小于 4 mA,一般取 $I_0 = I_5 = 1$ mA 左右。

2. 基本工作原理

设输入信号 $u_x = U_{xm}\cos w_x t$,$u_y = U_{ym}\cos w_y t$,则 MC1496 乘法器的输出 u_0 与反馈电阻 R_E 及输入信号 u_x、u_y 的幅值有关:

$$u_0 = \frac{2R_L}{R_E} u_y \operatorname{th} \frac{u_x}{2U_T}$$

当 u_x 为小信号($U_{xm} < 2U_T$)时,输出电压 u_0 可表示为

$$u_0 \approx \frac{R_L}{R_E U_T} u_x u_y$$

u_x 为小信号时,MC1496 近似为一理想的乘法器,输出信号 U_0 中只包含两个输入信号的和频与差额。

当 u_x 为大信号($U_{xm} > 2U_T$)时,输出电压可近似表示为

$$u_0 = \frac{2R_L}{R_E} u_y k_2(\omega_x t)$$

其中 $k_2(\omega_x t)$ 是双向开关函数。上式表明,u_x 为大信号时,输出电压 U_0 与输入信号 u_x 无关。

3. 集成模拟乘法器的应用举例

(1) 振幅调制

振幅调制是使载波信号的峰值正比于调制信号的瞬时值的变换过程。通常载波信号为高频信号,调制信号为低频信号。

设载波信号的表达式为 $u_c(t) = u_{cm}\cos w_c t$,调制信号的表达式为 $u_c(t) = u_{u\Omega m}\cos \Omega t$,则普通(AM)调幅信号的表达式

$$u_0(t) = u_{cm}[1 + m_a\cos(\Omega t)]\cos(w_c t)$$

式中,m_a 为调幅系数,$m_a = u_{\Omega m}/u_{cm}$;$u_{cm} = \cos w_c t$。

由式可见,AM 调幅波包含载波分量和上下边频。由于载波分量不含调制信号信息量,但在 AM 信号中却占有很大比重,因此信息传输效率较低,称这种调制为有载波调制。为提高信息传输效率,广泛采用双边带的双边带(DSB)或单边带(SSB)振幅调制。双边带调幅波的表达式为

$$u_0(t) = u_{cm}m_a\cos\Omega t\cos w_c t$$

与 AM 信号相比,不含载波分量。单边带调幅波(SSB)的表达式为

$$u_0(t) = u_{cm} m_a \cos(w_c \pm \Omega)t$$

与 DSB 相比,仅发送一个边频,因此带宽将少一半。

MC1496 构成的振幅调制器电路如图 4.7.2 所示。断开 J_{12}、J_{13}、J_{15}、J_{19} 连接好 J_{11}、J_{14}、J_{16}、J_{18},组成由 MC1496 构成的平衡调幅电路,其中载波信号 U_C 经高频耦合电容 C_{14} 从 u_x 端输入,C_{15} 为高频旁路电容,使 8 脚接地。调制信号 U_Ω 经低频耦合电容 C_{11} 从 u_y 端输入,C_{16} 为低频旁路电容,使 4 脚接地。调幅信号 U_0 从 12 脚单端输出,器件采用双电源供电方式,所以 5 脚的偏置电阻 R_{113} 接地,脚 2 与 3 间接入负反馈电阻 R_{112},以扩展调制信号的 U_Ω 的线性动态范围,R_{112} 增大,线性范围增大但乘法器的增益随之减少。

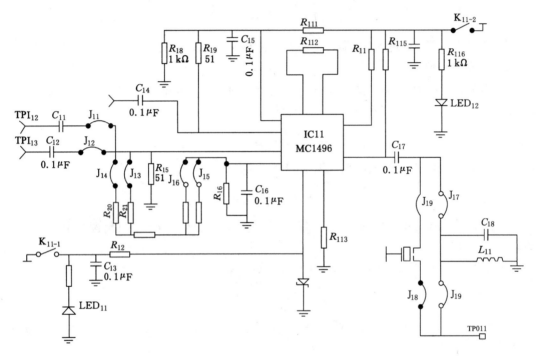

图 4.7.2　MC1496 构成的振幅调制电路

电阻 R_{18}、R_{19}、R_{111} 及 R_{114} 为器件提供静态偏置电压,保证器件内部的各个晶体管工作在放大状态。对于图 4.7.2 所示电路参数,测量器件的静态($U_C = 0$,$U_\Omega = 0$)偏置电压为

u_8	u_{10}	u_1	u_4	u_6	u_{12}	u_2	u_3	u_5
6 V	6 V	0 V	0 V	8.6 V	8.6 V	−0.7 V	−0.7 V	−6.8 V

R_{14}、R_{17} 与电位器 W_{11} 组成平衡调节电路,改变 W_{11} 可以使乘法器实现双边带的振幅调制(DSB 调制)或有载波的振幅调制(AM 调制),操作过程如下。

① 双边带(DSB)振幅调制

u_x 端输入载波信号 $U_C(t)$,其频率 $f_C = 10.7$ MHz,峰-峰值 $U_{CP-P} = 40$ mV。u_y 端输入调制信号 $U_\Omega(t)$,其频率 $f_\Omega = 1$ kHz,先使峰-峰值 $U_{\Omega P-P} = 0$,调节 W_{11},使输出端 TPO$_{11}$ 电位为 0(此时 $U_4 = U_1$),再逐渐增加 $U_{\Omega P-P}$,则输出端 TPO$_{11}$ 信号的幅度逐渐增大,最后出现如图 4.7.3 所示的双边带的调幅信号。由于器件内部参数不可能完全对称,致使输出出现漏

信号。脚 1 和 4 分别接电阻 R_3 和 R_4 可以较好地抑制双边带漏信号和改善温度性能。

图 4.7.3　双边带(DSB)的调幅信号

② 普通调幅波(AM)

u_x 端输入载波信号 $U_C(t)$，$f_C=10.7$ MHz，$U_{CP-P}=40$ mV。调节平衡电位器 W_{11}，使输出信号 $U_0(t)$ 中有载波输出(此时 U_4 与 U_1 不相等)。再从 u_y 端输入调制信号，其 $f_\Omega=1$ kHz，当 U_{CP-P} 由零逐渐增大时，则输出端 TPO_{11} 信号的幅度发生变化，最后出现如图 4.7.4 所示的有载波调幅信号的波形，调幅系数 m_a 为 $m_a=\dfrac{A-B}{A+B}\times100\%$。

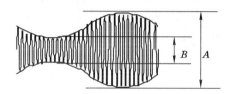

图 4.7.4　普通调幅波(AM)信号的波形

(2) 同步检波

振幅调制信号的解调过程称为检波。常用方法有包络检波和同步检波两种。由于普通调幅波(AM)信号的包络直接反映了调制信号的变化规律，可以用二极管包络检波的方法进行解调。而双边带或单边带振幅调制信号的包络不能直接反映调制信号的变化规律，所以无法用包络检波进行解调，必须采用同步检波方法。

同步检波又分为叠加型同步检波和乘积型同步检波。将振幅调制信号如双边带信号同步信号(即载波信号)经乘法器相乘，再经低通滤波即可输出解调信号信号。MC1496 模拟乘法器构成的同步检波解调器电路如图 4.7.5 所示。连接 J_{22}、J_{24}、J_{26}，组成由 MC1496 构成的同步检波电路。其中 u_x 端(TPI_{21})输入同步信号或载波信号 U_C，u_y 端(TPI_{23})输入已调波信号 U_S。输出端经隔直电容 C_{210}、低通滤波直电容 C_{211}、运放 LM358 放大，由 TPO_{21} 输出。

(3) 鉴频

① 乘积型相位鉴频

鉴频是调频的逆过程，广泛采用的鉴频电路是相位鉴频器。其鉴频原理是：先将调频波经过一个线性移相网络变换成调频调相波，然后再与原调频波一起加到一个相位检波器进行鉴频。因此实现鉴频的核心部件是相位检波器。

相位检波又分为叠加型相位检波和乘积型相位检波，利用模拟乘法器的相乘原理可实现乘积型相位检波，其基本原理是：在乘法器的一个输入端输入调频波 $U_S(t)$，另一输入端输入经线性移相网络移相后的调频调相波 $u'_s(t)$。这两个信号相乘，并滤除其中的高频分

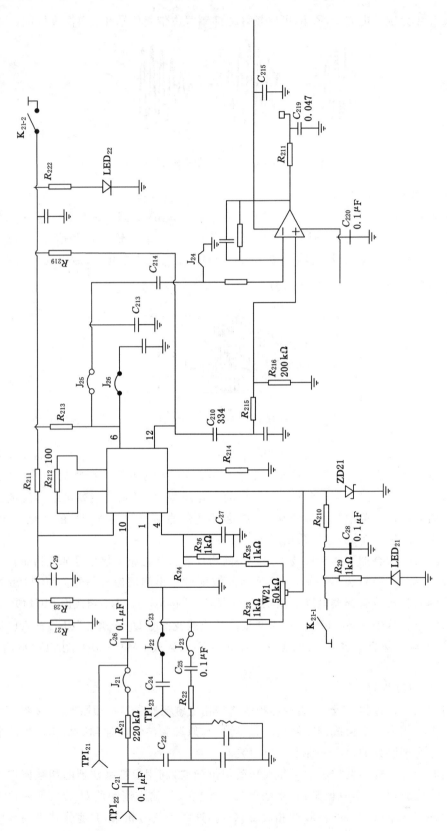

图4.7.5 同步检波调节器电路

量,即可实现调频解调。

② 鉴频特性

相位鉴频器的输出电压 U_0 与调频波瞬时频率 f 的关系称为鉴频特性,其特性曲线(或称 S 曲线)如图 4.7.6 所示。鉴频器的主要性能指标是鉴频灵敏度 s_d 和线性鉴频范围 $2\Delta f_{max}$。s_d 定义为鉴频器调频波单位频率变化所引起的输出电压的变化量,通常用鉴频特性曲线 $u_0\text{-}f$ 在中心频率 f_0 处的斜率来表示,即

$$s_d = U_0/\Delta f \tag{4.7.1}$$

$2\Delta f_{max}$ 定义鉴频器不失真解调调频波时所允许的最大频率线性变化范围,$2\Delta f_{max}$ 可在鉴频特性曲线上求出。

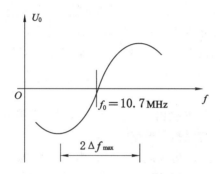

图 4.7.6　相位鉴频器鉴频特性

③ 乘积型相位鉴频器

在图 4.7.5 中,断开 J_{22}、J_{24}、J_{26},连接好 J_{21}、J_{23}、J_{25},组成由 MC1496 构成的鉴频电路。其中 C_{23}、CC_{21} 与 L_{21} 并联谐振回路共同组成线性移相网络,将调频波的瞬时频率的变化转换成瞬时相位的变化,从而实现线性移相。MC1496 的作用是将调频波与调频调相波相乘,其输出端接集成运放构成的差分放大器,将双端输出变成单端输出,再经 R_{221} 与 C_{219} 的滤波网络输出。对于图 4.7.5 所示的鉴频电路的鉴频操作过程如下:首先测量鉴频器的静态工作点(与图 4.7.2 电路的静态工作点基本相同),再调谐并联谐振回路,使其谐振(谐振频率 $f_0 = 10.7$ MHz)。再从 u_x 端输入 $f_C = 10.7$ MHz,$U_{CP-P} = 40$ mV 的载波(不接相移网络,$u_y = 0$),调节平衡电位器 W_{21} 使载波抑制最佳($U_0 = 0$)。然后接入移相网络,输入调频波 U_S,其中心频率 $f_0 = 10.7$ MHz,$U_{CP-P} = 40$ mV,调制信号的频率 $f_\Omega = 10.7$ kHz,最大频偏 $\Delta f_{max} = 75$ kHz,调节谐振回路 C_2 使输出端获得的低频调制信号 $U_0(t)$ 的波形失真最小,幅度最大。

④ 鉴频特性曲线(S 曲线)的测量方法

测量鉴频特性曲线的常用方法有逐点描迹法和扫频测量法。

逐点描迹法的操作是:用高频信号发生器作为信号源加到鉴频器的输入端 U_S,先调节中心频率 $f_0 = 10.7$ MHz,输出幅度 $U_{CP-P} = 40$ mV。鉴频器的输出端 U_0 接数字万用表(置于"直流电压"挡)测量输出电压 U_0 值。调谐并联谐振回路,使其谐振。再改变高频信号发生器的输出频率(维持幅度不变),记下对应的输出电压 U_0 值,并填入表 4.7.1。最后根据表中测量值描绘 S 曲线。

表 4.7.1　鉴频特性曲线的测量值

f_0/MHz	……	……	10.5	10.6	10.7	10.8	10.9	…
U_0/mV								

扫频测量法的操作是：将扫频仪(如 BT-3 型)的输出信号加到鉴频器的输入端 U_S,扫频仪的检波探头电缆换成夹子电缆线接到鉴频器的输出端 U_0。先调节 BT-3 的"频率偏移"、"输出衰减"、"Y 轴增益"等旋钮,使 BT-3 上直接显示出鉴频特性,利用"频标"可绘出 S 曲线。调节谐振回路电容 C_2,平衡电位器 RP 可改变 S 曲线的斜率和对称性。

(4) 混频

在图 4.7.2 中,将连接器 J_{12}、J_{13}、J_{15}、J_{19}、J_{110} 连接好(此时 J_{11}、J_{14}、J_{16}、J_{17}、J_{18} 应断开),组成由 MC1496 构成的混频器电路,其中 u_x 端输入信号 $u_c = 10.7$ MHz。u_y 端输入信号的信号 $u_s = 10.245$ MHz,输出端接有陶瓷带通滤波器输出 455 kHz 混频信号。

四、实验内容

1. 混频器实验

参考电路原理图 4.7.2,将连接器 J_{12}、J_{13}、J_{15}、J_{19}、J_{110} 连接好(此时 J_{11}、J_{14}、J_{16}、J_{17}、J_{18} 应断开),组成由 MC1496 构成的混频器电路。

(1) 接通开关 K_{11},在不加入输入信号(u_c、u_s 为 0)的情况下,测试 MC1496 各管脚的静态工作电压,应与前面实验原理中平衡调制部分讲到的基本相同。

(2) 输入 U_c,U_c 为 10.7 MHz 的载波信号,大小为 $V_{p-p} = 300$ mV(由高频信号源提供,参考高频信号源使用),从 IN_{11} 处输入。

$u_s = 10.245$ MHz,由正弦振荡单元电路产生(晶体振荡,参考正弦振荡单元),从 IN_{13} 处输入。用示波器和频率计在 TT_{11} 处观察输出波形,输出信号频率应为 455 kHz。

2. 平衡调幅实验

参考原理图 4.7.2,断开 J_{12}、J_{13}、J_{15}、J_{19}、J_{110} 连接好 J_{11}、J_{14}、J_{16}、J_{17}、J_{18},组成由 MC1496 构成的平衡调幅电路。

(1) 当 u_c、u_s 为 0 时,测试 MC1496 各管脚电压,检查是否与原理部分讲的相符。

(2) 产生双边带振幅调制。

在 U_x 端(IN_{11} 处)输入 $f_c = 10.7$ MHz 的载波(由高频信号源提供,参考高频信号源使用),$U_{cp-p} = 250$ mV;U_y 端(IN_{12} 处)输入 $f_0 = 1$ kHz 信号,使 $U_{\Omega p-p}$ 为零,调节可调电阻 W_{11}(逆时针调节),使在 TT_{11} 处测试的信号 $u_0 = 0$(此时 $u_4 = u_1$)。逐渐增大 $U_{\Omega p-p}$(最大峰值为 1.5 V,太大会失真),直至出现双边带的调幅信号出现(用示波器在 TT_{11} 处测试)。在实验过程中应微调输入信号,以得到最好的输出波形。

平衡调幅部分产生的调幅波作为同步检波部分的调幅波输入信号。

(3) 产生普通调幅波(AM)信号

在步骤(2)的基础上调节 W_{11}(顺时针调节),使输出信号中有载波存在 ,则输出有载波的振幅调制信号。

3. 同步检波实验

参考图 4.7.5,在实验板上连接 J_{22}、J_{24}、J_{26},组成由 MC1496 构成的同步检波电路。

(1) 在实验板上,按下 K_{21} 接通 +12 V、−12 V 电源,在 U_c,U_s 为 0 时,测试 MC1496 各

管脚的电压检查是否与调制部分基本相同。

（2）在实验板上，从 IN_{21} 处输入 10.7 MHz 的载波，由高频信号源部分提供（此信号与平衡调制实验中的载波信号为同一信号），使 $U_S=0$，调 W_{21} 使在 TT_{21} 处观察的信号为 0，在 U_y 端输入由平衡调制实验中产生的双边带调幅信号，即将 TT_{11} 与 IN_{23} 连接（TT_{11} 输出调幅波），这时从 TT_{21} 处用示波器应能观察到的波形，调节 W_{21} 可使输出波形幅度增大，波形失真减小。信号大小在实验过程中应微调，以保证输出信号最好。

4. 鉴频实验

参考图 4.7.5，断开 J_{22}、J_{24}、J_{26} 连接好 J_{21}、J_{23}、J_{25}，组成由 MC1496 构成的鉴频电路。

（1）按下 K_{21} 接通电源 +12 V、−12 V，使输入信号为 0，测 MC1496 各管脚电压，看是否与平衡调制部分基本相同

（2）（选做）用 BT-3 频率特性测试仪测试移相网络（C_{22}、C_{23}、CC_{21}、L_{21}），调节 CC_{21} 使由 L_{21}、C_{23}、CC_{21} 组成的并联谐振回路谐振在 10.7 MHz。

（3）从 IN_{22} 处输入已调调频波（此调频波信号由高频信号源单元提供，参考高频信号源的使用）载波 V_{p-p} 约为 500 mV，调制信号 $U_{\Omega p-p}=300$ mV～1 V。用示波器从 TT_{21} 处可以看到输出的低频调制信号 $U_\Omega(t)$，如果信号失真可调节 CC_{21}。

（4）（选做）用 BT-3 扫频仪测绘鉴频特性曲线。

五、实验报告内容

1. 整理各项实验所得的数据，绘制出有关曲线和波形。

2. 对实验结果进行分析。

3. 分析为什么在平衡调幅实验中得不到载波绝对为零的波形。

4. 分析如果鉴频特性曲线不对称或鉴频灵敏度过低，应如何改善。

实验 4.8 模拟锁相环应用实验

一、实验目的

1. 掌握模拟锁相环的组成及工作原理。

2. 学习用集成锁相环构成锁相解调电路。

3. 学习用集成锁相环构成锁相倍频电路。

二、实验仪器

1. 40 MHz 双踪模拟示波器，1 台；

2. 调试工具，1 套。

三、锁相环路的基本原理

1. 锁相环路的基本组成

锁相环是一种以消除频率误差为目的的反馈控制电路，但它的基本原理是利用相位误差电压去消除频率误差，所以当电路达到平衡状态之后，虽然有剩余相位误差存在，但频率误差可以降低到零，从而实现无频差的频率跟踪和相位跟踪。

锁相环由三部分组成，如图 4.8.1 所示。

它包含压控振荡器（VCO，Voltage Controlled Oscillator）、鉴相器（PD，Phase Detector）和环路滤波器（LF，Loop Filter）三个基本部件，三者组成一个闭合环路，输入信号为 $u_i(t)$ 输

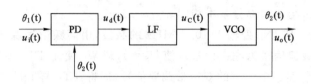

图 4.8.1　锁相环组成方框图

出信号为 $u_0(t)$，反馈至输入端。下面逐一说明基本部件的作用。

（1）压控振荡器

压控振荡器是本控制系统的控制对象，被控参数通常是其振荡频率，控制信号为加在 VCO 上的电压，故称为压控振荡器，也就是一个电压-频率变换器，实际上还有一种电流-频率变换器，但仍习惯称为压控振荡器。

（2）鉴相器

鉴相器是一相位比较装置，用来检测输出信号 $u_o(t)$ 与输入信号 $u_i(t)$ 之间的相位差 $\theta_e(t)$，并把转化为电压 $u_d(t)$ 输出，$u_d(t)$ 称为误差电压，通常 $u_d(t)$ 为一直流量或一低频交流量。

（3）环路滤波器

环路滤波器为一低通滤波电路，其作用是滤除因 PD 的非线性而在 $u_d(t)$ 中产生的无用的组合频率分量及干扰，产生一个只反映 $\theta_e(t)$ 大小的控制信号 $u_c(t)$。按照反馈控制原理，如果由于某种原因使 VCO 的频率发生变化使得与输入频率不相等，这必将使 $u_o(t)$ 与 $u_i(t)$ 的相位差 $\theta_e(t)$ 发生变化，该相位差经过 PD 转换成误差电压 $u_d(t)$，此误差电压经 LF 滤波后得到 $u_c(t)$，由 $u_c(t)$ 去改变 VCO 的振荡频率使趋近于输入信号的频率，最后达到相等。环路达到最后的这种状态就称为锁定状态。由于控制信号正比于相位差，因此在锁定状态 $\theta_e(t)$ 不可能为 0，换言之在锁定状态，$u_o(t)$ 与 $u_i(t)$ 仍存在相位差。

2. 锁相环路的两种调节过程

锁相环路有两种不同的自动调节过程：一是跟踪过程，二是捕捉过程。

（1）环路的跟踪过程

在环路锁定之后，若输入信号频率发生变化，产生了瞬时频差，从而使瞬时相位差发生变化，则环路将及时调节误差电压去控制 VCO，使 VCO 输出信号频率随之变化，即产生新的控制频差，VCO 输出频率及时跟踪输入信号频率，当控制频差等于固有频差时，瞬时频差再次为零，继续维持锁定，这就是跟踪过程，在锁定后能够继续维持锁定所允许的最大固有角频差 Δw_{1m} 的两倍称为跟踪带或同步带。

（2）环路的捕捉过程

环路由失锁状态进入锁定状态的过程称为捕捉过程。

设 $t=0$ 时环路开始闭合，此前输入信号角频率 w_i 不等于 VCO 输出振荡角频率 w_{yo}（因控制电压 $u_c=0$），环路处于失锁状态。假定 w_i 是一定值，二者有一瞬时角频差 $\Delta w_1 = w_i - w_{yo}$，瞬时是相位差 Δw_1 随时间线性增大，因此鉴相器输出误差电压 $u_e(t) = kb\sin w_1 t$ 将是一个周期为 $2\pi/\Delta w_1$ 的正弦函数，称为正弦差拍电压。所谓差拍电压是指其角频率（此处是 Δw_1）为两个角频率（此处是 w_i 与 w_{yo}）的差值，角频差 Δw_1 的数值大小不同，环路的工作情况也不同。

若 Δw_1 较小，处于环路滤波器的通频带内，则差拍误差电压 $u_e(t)$ 能顺利通过环路滤波器加到 VCO 上，控制 VCO 的振荡频率，使其随差拍电压的变化而变化，所以 VCO 输出是一个调频波,即 $w_y(t)$ 将在 w_{y0} 上下摆动。由于 Δw_1 较小,所以 $w_y(t)$ 很容易摆动到 w_i,环路进入锁定状态,鉴相器将输出一个与稳态相位差对应的直流电压,维持环路动态平衡。

若瞬时角频差 Δw_1 数值较大,则差拍电压 $u_e(t)$ 的频率较高,它的幅度在经过环路滤波器时可能受到一些衰减,这样 VCO 的输出振荡角频率 $w_y(t)$ 上下摆动的范围也将减小一些,故需要多次摆动才能靠近输入角频率 $w_i(t)$ 即捕捉过程需要许多个差拍周期才能完成,因此捕捉时间较长,若 Δw_1 太大,将无法捕捉到,环路一直处于失锁状态。能够由失锁进入锁定所允许的最大固有角频差 Δw_{1m} 的两倍称为环路的捕捉带。

四、集成锁相环 NE564 介绍及应用

1. 在本实验中,所使用的锁相环为 NE564(国产型号为 L564)是一种工作频率可高达 50 MHz 的超高频集成锁相环,其内部框图和脚管定义如图 4.8.2 所示。

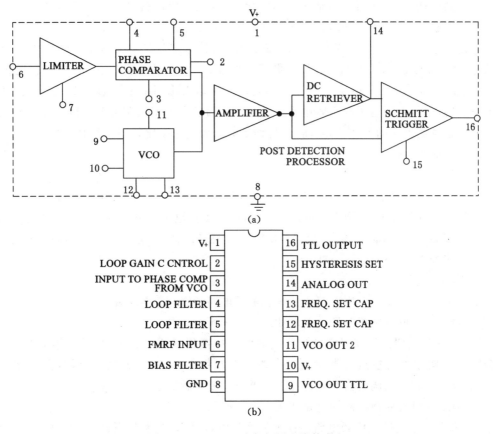

图 4.8.2　NE564 内部框图和脚管定义

在图 4.8.2(a)中,A_1(LIMITER)为限幅放大器,可有效消除 FM 信号输入时干扰所产生的寄生调幅。

鉴相 PD(PHASE COMPARATOR)采用普通双差分模拟相乘器,由压控振荡器反馈过来的信号从外部由 3 端输入。另外由 2 端去改变双差分电路的偏置电流,控制鉴相器增益,从而实现环路增益控制。

压控振荡管 VCO。

NE564 的压控振荡器为改进型的射极定时多谐振荡器,其固有振荡频率由 12,13 端外

接定时电容 C_t 和芯片内电阻 R_{20} 决定：

$$f \approx \frac{1}{16R_{20}C_t}$$

输出放大器 A_2（AMPLIFIER）与直流恢复电路。

A_2 与直流恢复电路是专为解调 FM 信号与 FSK 信号而设计的。输出放大器 A_2 是一恒流源差分放大电路，来自鉴相器的误差电压从 4,5 端输入，经缓冲后，双端送入 A_2 放大。若环路的输入为 FSK 信号——即频率在 f_1 与 f_2 之间周期性跳变的信号，则鉴相器的输出电压 A_2 放大后分两路，一路直接送施密特触发器的输入，另一路送直流恢复电路，通过 14 端外接滤波电容的平滑，输出一平均直流电压。这个直流电压 V_{BEF} 再送施密特触发器另一输入端作为基准电压。

若环路的输入为 FM 信号，那么在锁定状态，14 端的电压就是 FM 解调信号。

施密特触发器（POST DETECTION PROCESSOR）。

施密特触发器是专为解调 FSK 信号而设计的，其作用就是将模拟信号转换成 TTL 数字信号。直流恢复输出的直流电压基准 V_{REF} 与被 A_2 放大了的误差电压 V_{dm} 进行比较，当 $V_{dm} > V_{REF}$ 时 16 端输出低电平。当 $V_{dm} < V_{REF}$ 时，16 端输出高电平。通过 15 端可改变触发器上下翻转电平，上限电平与下限电平之差也称为滞后电压 V_H，调节 V_H 可消除因截波泄漏造成的误触发而出现的 FSK 解调输出，特别是数据传输速率比较高的场合，并且此时 14 端滤波电容不能太大。

NE564 的主要参数如下：

NE564 的最高工作频率为 50 MHz，最大锁定范围达 $\pm 12\% f_o$，输入阻抗大于 50 kΩ，电源工作电压 5～12 V，典型工作电压为 5 V，典型工作电流为 60 mA，最大允许功耗为 40 mV；在频偏为 $\pm 10\%$，中心频率为 5 MHz 时，解调输出电压可达 140 mV_{p-p}，输入信号为有效值大于或等于 200 mV_{Rms}。

2. 实验电原理图

本实验系统 NE564 应用电路包括锁相解调电路和锁相倍频电路。

由 NE564 组成的锁相解调电路电如图 4.8.3 所示。

IC_{71} 及其外围器件组成 FM 锁相解调电路。在锁相解调电路中，信号从第 6 脚经交流耦合输入，2 脚作为压控振荡器增益控制端，12 脚和 13 脚外接定时电容，时振荡在 10.7 MHz 上，从 14 脚输出调制信号经运算放大器 IC_{72} 放大后输出。

由 NE564 组成的锁相倍频电路如图 4.8.4 所示。

IC_{31} 和 IC_{32} 组成锁相倍频电路。在锁相倍频中，74LS393 为分频器，它由两个完全相同单元组成（IC32A 和 IC32B），分别可以进行 2 分频、4 分频、8 分频、16 分频，如果将 IC32A 中的 16 分频输出与 IC32B 中的时钟输入端相接则 IC32B 可以组成 32 分频、64 分频、128 分频、256 分频。在本实验中参考信号为 $f_R = 50$ kHz，进行 16、32、64、128 倍频。

NE564 的 VCO 振荡输出信号（从 9 脚输出）经 W_{32} 与 R_{36} 分压（74LS393 输入信号不能大于 2.4 V）由 74LS393 的 1 脚输入，分频后由 NE564 的 3 脚输入，简单的框图如图 4.8.5 所示。

由 NE564 的 3 脚输入的分频信号与从 NE564 的 6 脚输入的参考信号进行鉴频，输出误差电压控制 VCO，最终使 VCO 输出 $f_o = Nf_R$ 的频率，达到倍频目的。在锁相分频电路中，NE564 的 2 脚为增益控制端调节 W_{31} 可改变同步带大小。

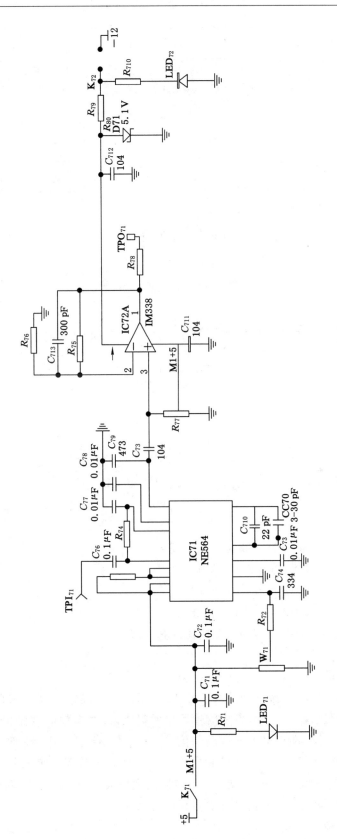

图4.8.3　由NE564组成的锁相解调电路

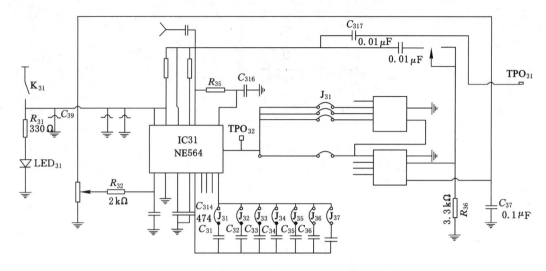

图 4.8.4　由 NE564 组成的锁相倍频电路

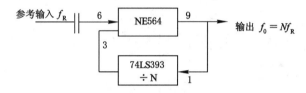

图 4.8.5　简单框图

NE564 的 12 脚和 13 脚跨接定时电容 C, C 由下列算式确定。

$$f_。 = \frac{1}{16RC} \quad 其中 R = 100\ \Omega$$

则

$$C = \frac{1}{16Rf_。}$$

则当 $f_。 = 800\ \text{kHz}$ 时　$C \approx 780\ \text{pF}(16\ 倍频)$

$f_。 = 1.6\ \text{MHz}$ 时　$C \approx 390\ \text{pF}(32\ 倍频)$

$f_。 = 3.2\ \text{MHz}$ 时　$C \approx 195\ \text{pF}(64\ 倍频)$

$f_。 = 6.4\ \text{MHz}$ 时　$C \approx 100\ \text{pF}(128\ 倍频)$

在实际电路中,由于分布电容的存在应比计算值偏小。

五、实验内容

1. 锁相解调实验

原理图如图 4.8.3 所示,按下开关 K_{71},用 10.7 MHz 的调频信号进行解调电路实验,从 TPI_{71} 处输入调频信号(调频信号由高频信号源单元提供,参考高频信号源和低频信号源的使用,载波信号 V_{p-p} 大小约为 500 mV,调制信号 $V_{\Omega p-p}$ 大小约为 1 V,频率为 1 kHz)。从 TPO_{71} 观察输出波形,微调 CC_{70} 使 VCO 锁定在 10.7 MHz,调节 W_{71} 使输出波形不失真,幅度最大。观察调制信号频率大小(改变 WD_6)与调制频偏大小(改变 WD_2)对输出信号的影响(当频率计工作时,输出的解调信号可能会有抖动现象)。

2. 锁相倍频实验

原理图如图 4.8.4 所示。

锁相环的外挂电容，根据所需输出频率的大小，由 $J_{31} \sim J_{37}$ 选择。以下提供的仅作为参考，需根据实际情况进行调整。

由 TPI_{31} 输入 50 kHz 的纯载波(为正弦波信号，信号大小约 $V_{p-p} = 2$ V，此信号由低频信号源部分提供，方法参见低频信号源的使用)，作为参考信号。

(1) 连接 J_{38} 进行 16 倍频实验，根据计算的 C_t 值，通过连接 J_{31}，J_{32}，J_{33} 等容值的电容(参考连接为 J_{31}、J_{32})，改变 C_t 的大小使输出信号锁定到输入信号上(锁定时 TT_{32} 和 IN_{31} 的频率一样)，此时从 TPO_{31} 处测得的信号频率为 16×50 kHz $= 800$ kHz(74LS393 的 1 脚输入信号保持在 2.4 V 左右)。调节的方法为：用双踪示波器同时在 TPI_{31} 和 TPO_{32} 处观察输入信号和分频信号，调节 C_t 的大小(如果 TPO_{32} 的波形频率比 TPI_{31} 的高，即周期大则应将电容值减小，否则增大)，当两信号同频时即锁定输出 800 kHz 的信号。

(2) 连接 J_{39} 进行 32 倍频实验(参考连接为 J_{32}、J_{33}、TPO_{31} 处的频率为 $32 \times 50 = 1.6$ MHz)；连接 J_{310} 进行 64 倍频实验(参考连接为 J_{33}、J_{34}、TPO_{31} 处的频率为 $64 \times 50 = 3.2$ MHz，连接 J_{311} 进行 128 倍频实验(参考连接为 J_{34}、J_{36}、TPO_{31} 处的频率为 $128 \times 50 = 6.4$ MHz)。进行倍频连接时 J_{28}、J_{39}、J_{310}、J_{311} 四个连接器每次只能连一个。在应用中可根据需要适当改变 C_t 的值，输出分频信号频率偏高时增大电容，偏低时减小电容。

(3) 将锁相倍频电路接连 16 倍频电路，观察锁相环锁定、同步、跟踪、失锁和再同步过程。首先使输出信号锁定在 800 kHz。用双踪示波器的探头分别测试输入信号(在 TPI_{31} 处)和分频后的信号(在 TPO_{32} 处)，示波器上同时显示两处的波形，TPO_{32} 处的波形为方波。

改变输入信号的频率 f_R(参考低频信号源的使用)，① 先增大 f_R 观察示波器上两波形，开始时，两波形同步移动，此时处在同步跟踪状态。f_R 增加到一定值时，只有输入信号 f_R (正弦波)在移动，此时，处于失锁状态，记下此时的 f_R 值。② 再减小 f_R 直至进入锁定状态(两波同步移动)调节 W_{31}(逆时针调节)。再增大 f_R 值直至失锁，记下 f_R 值，比较两次的 f_R 值。③ 重复步骤②，找到最大的 f_R 值，即此 NE564 的同步带。

六、实验报告内容

1. 用表格绘制出锁相解调实验中的调制信号频率，调制频率偏与输出信号大小的关系。

2. 整理锁相倍频实验中所获得的数据。分别计算 16 分频，32 分频，64 分频，128 分频的实际定时电容 C_t 的值。

实验 4.9　小功率调频发射机设计

一、实验目的

1. 要求掌握调频发射机整机电路的设计与调试方法，以及调试中常见故障的分析与处理。

2. 学习如何将各种单元电路组合起来完成工程实际要求的整机电路设计。

二、实验仪器

1. 40 MHz 双踪模拟示波器，1 台；

2. 调试工具，1 套。

三、调频发射机及其主要技术指标

与调幅系统相比,调频系统由于高频振荡器输出的振幅不变,因而具有较强的抗干扰能力与较高的效率。所以在无线通信、广播电视、遥控遥测等方面获得广泛应用。图 4.9.1 为调频发射与接收系统的基本组成框图。图 4.9.1(a)为直接调频发射机组成框图,是本节实验的主要内容,图 4.9.1(b)为外差式调频接收机组成框图,将在实验 4.10 中介绍。

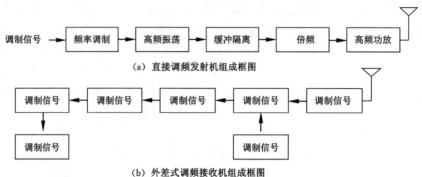

（a）直接调频发射机组成框图

（b）外差式调频接收机组成框图

图 4.9.1 调频发射、接收系统组成框图

调频发射机的主要技术指标如下。

1. 发射功率

发射功率 P_A 一般是指发射机输送到天线上的功率。只有当天线的长度与发射机高频振荡的波长 λ 相比拟时,天线才能有效地把载波发射出去。波长 λ 与频率 f 的关系为

$$\lambda = c / f \tag{4.9.1}$$

式中 c ——电磁波传播速度,$c = 3 \times 10^8$ m/s。

若接收机的灵敏度 $U_A = 2\ \mu\text{V}$,则通信距离 s 与发射功率 P_A 的关系为

$$s(\text{km}) = 1.07 \sqrt[4]{P_A(\text{mW})} \tag{4.9.2}$$

表 4.9.1 列出了小功率发射机的功率 P_A 与通信距离 s 的关系。

表 4.9.1 发射功率 P_A 与通信距离 s 的关系

P_A/mW	50	100	200	300	400	500	600	700
s/km	2.84	3.38	4.02	4.45	4.82	5.08	5.27	5.50

2. 工作频率或波段

发射机的工作频率应根据调制方式,在国家或有关部门所规定的范围内选取。广播通信常用波段的划分见表 4.9.2,对于调频发射机,工作频率一般在超短波范围内。

表 4.9.2 波段的划分

波段名称	波长范围/m	频率范围	频段名称
超长波	100 000～10 000	3～30 kHz	甚低频
长 波	10 000～1 000	30～300 kHz	低频
中 波	1 000～200	300 kHz～1.5 MHz	中频

表 4.9.2(续)

波段名称	波长范围/m	频率范围	频段名称
中短波	200～50	1.5～6 MHz	中高频
短　　波	50～10	6～30 MHz	高频
超短波	10～1	30～300 MHz	甚高频

3. 总频率

发射机发射的总功率 P_A 与其消耗的总功率 P_C 之比称为发射机的总效率 η_A,即

$$\eta_A = P_A / P_C \tag{4.9.3}$$

4. 非线性失真

当最大频偏 Δf_m 为 75 kHz,调制信号的频率为 100～7 500 Hz 时,要求调频发射机的非线性失真系数 r 应小于 1%。

5. 杂音电平

跳频发射机的寄生调幅应该小于载波电平的 5%～10%,杂音电平应小于 −65 dB。

四、发射机的组成框图

拟定整机方框图的一般原则是,在满足技术指标要求的前提下,应力求电路简单、性能稳定可靠。单元电路级数尽可能少,以减少级间的相互感应、干扰和自激。

1. 本实验不要求发射的功率达到多大,只要能达到信号发射的效果。因此,整机电路比较简单,组成框图如图 4.9.2 所示。

图 4.9.2　本实验发射机组成框图

(1) LC 调频振荡器。产生频率 $f_0 = 10.7$ MHz 的高频振荡,变容二极管线性调频,最大频偏 $\Delta f_m = +20$ kHz,整个发射机的频率稳定度由该级决定。

(2) 缓冲隔离级。将振荡级与功放级隔离,以减小功放级对振荡级的影响。因为功放级输出信号较大,当其工作状态发生变化时(如谐振阻抗变化),会影响振荡器的频率稳定度,使波形产生失真或减小振荡器的输出电压。整机设计时,为减小级间相互影响,通常在中间插入缓冲隔离级。

(3) 功率激励级。为末级功放提供激励功率。如果发射功率不大,且振荡级的输出功率能够满足末级功放的输入要求,功率激励级可以省去。

(4) 末级功放。将前级送来的信号进行功率放大,使负载(天线)上获得满足要求的发射功率。如果要求整机功率较高,应采用丙类功率放大器,若整机效率要求不高如 $\eta_A < 50\%$ 而波形失真要求较小,可以采用甲类功率放大器。本题要求 $\eta_A > 50\%$,故选用丙类功率放大器较好。

2. 实验电路。

本实验电路的调频振荡部分及缓冲隔离部分是采用实验 4.6 中的 LC 调频电路,而功率激励及功放是采用实验 4.3 中的功率放大电路。实验电路如图 4.9.3 所示。

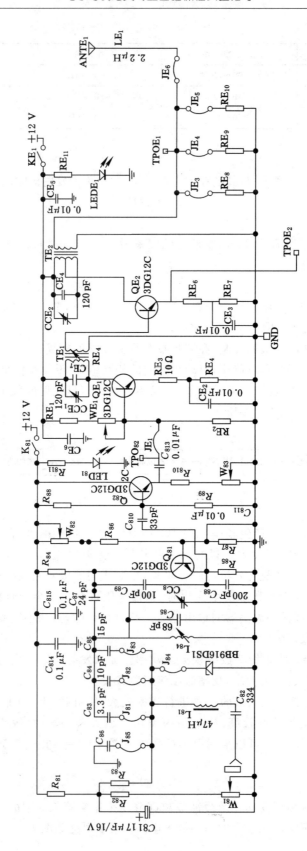

图4.9.3 调频发射机实验电路

将实验 4.6 的缓冲隔离级输出与功放激励级输入用连接器相连即可。

五、实验步骤及内容

1. 实验中可能出现的故障

由于受分布参数的影响及各种耦合与干扰的影响,使得高频电路的稳定性比起低频电路来要差一些,同时 L、C 元件本身在环境温度发生变化时存在值的漂移,所以在 LC 调频时,电路本身的稳定性不好。另外,由于后级功放的输出信号较强,信号经公共地线、电源线或连接导线耦合至主振级,从而改变了振荡回路的参数或主振级的工作状态,这样在各单元电路调整好以后,还要仔细地进行整机联调。

2. 实验步骤

(1) 将变容二极管调频实验单元电路的 J_{82} 连接起来,组成 LC 调频实验(连 J_{82}、J_{84}、JE_1;断开 J_{81}、J_{83}、J_{85})。按下开关 K_{81}、KE_1,从 TPI_{81} 处输入 $f_\Omega = 1\ \text{kHz}$,V_{cp-p} 约为 100 mV 的调制信号(正弦波信号,由低频信号源提供,参考低频信号源的使用)。调节 L_{84} 用频率计和示波器从 TPO_{82} 处观察调频信号,使中心频率为 $f_0 = 10.7\ \text{MHz}$,当调制信号幅度大约为 100 mV 时,调制频偏大约 10~15 kHz(方法与变容二极管调频实验单元一样)。应在实际过程中根据实际情况对调制信号进行微调。

(2) 将功放实验单元中的 JE_3、JE_4、JE_5 连接,使功放负载为 50 Ω,分别调节 TE_1、TE_2 使 CE_7 与 TE_1 初级和 CE_4 与 TE_2 初级均谐振在 10.7 MHz(方法与功放单元一样)。

(3) 断开 JE_2,连接 JE_1、JE_6,将调频单元与功放单元连接起来,组成发射单元。此时从 $TPOE_1$ 处用频谱仪观察发射信号,如果发射信号的中心频率有偏移,可以微调 L_{84} 使之为 10.7 MHz(如果没有频谱仪则用示波器观测 $TPOE_1$ 处的信号)。

六、实验报告内容

1. 一般来说振荡电路后都会加缓冲隔离级(射随),而当它们级联时,会出现波形幅度明显减小或波形失真,这是什么原因造成的? 如何解决?

2. 当后级功放对前级主振级造成影响时,从哪些方面去减小影响?

实验 4.10　调频接收机设计

一、实验目的

1. 掌握基本的(点频)调频接收机电路的构成与调试方法。

2. 了解集成电路单片接收机的性能及应用。

二、实验仪器

1. 万用表,1 个;

2. 40 MHz 示波器,1 台。

三、调频接收机的主要技术指标

1. 工作频率范围

接收机可以接收到的无线电波的频率范围称为接收机的工作频率范围或波段覆盖。接收机的工作频率必须与发射机的工作频率相对应。如调频广播收音机的频率范围为 88~108 MHz,是因为调频广播发射机的工作频率范围也为 88~108 MHz。

2. 灵敏度

接收机接收微弱信号的能力称为灵敏度,通常用输入信号的电压的大小来表示,接收的输入信号越小,灵敏度越高。调频广播收音机的灵敏度一般为 5～30 μV。

3. 选择性

接收机从各种信号和干扰中选出所需信号(或衰减不需要的信号)的能力称为选择性,单位用 dB(分贝)表示,dB 数越高,选择性越好。调频收音机的中频干扰比应大于 50 dB。

4. 频率特性

接收机的频率响应范围称为频率特性或通频带。调频机的通频带一般为 200 kHz。

5. 输出功率

接收机的负载输出的最大不失真(或非线性失真系数为给定值时)功率称为输出功率。

四、调频接收机的组成

1. 调频接收机的工作原理。

一般调频接收机组成框图如图 4.10.1 所示。其工作原理是:天线接收到的高频信号,经输入调谐回路选频为 f_1,再经高频放大级放大进入混频级。本机振荡器输出的另一高频信号 f_2 亦进入混频级,则混频级的输出为含有 f_1、f_2、(f_1+f_2)、(f_2-f_1) 等频率分量的信号。混频级的输出接调谐回路选出中频信号 (f_2-f_1),再经中频放大器放大,获得足够高的增益,然后经鉴频器解调出低频调制信号,由低频功放级放大。由于天线接收到的高频信号经过混频成为固定的中频,再加以放大,因此接收机灵敏度较高,选择性较好,性能也比较稳定。

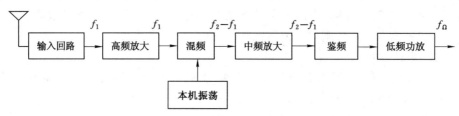

图 4.10.1 一般调频接收机组成框图

2. 本实验调频接收机电路原理图如图 4.10.2 所示。其中晶体管 QA_1 及其外围原件组成输入回路及高放回路,集成 IC(MC3361)实现中频放大、混频、鉴频、低频功放。具体的工作原理如下。

将 JA_1、JB_1 连接好,即组成接收电路。

从天线 $ANTA_1$ 处接收到的高频信号经 CA_1、CCA_1、LA_1 组成的选频回路,选取信号为 $f_s=10.7$ MHz 的有用信号,经晶体管 QA_1 进行放大,由 CA_3、TA_1、初级组成的调谐回路,进一步滤除无用信号,将有用信号经变压器和 CB_1 耦合进入 ICB_1(MC3361)16 脚与本振信号 10.245 MHz(MC3361 的 1、2 脚外挂 10.245 MHz 晶体及微调电容与内部振荡单元产生的)进行混频,产生差频信号从 3 脚输出,经 455 kHz 陶瓷滤波器后又从 5 脚又进入 MC3361 进行放大,MC3361 的 8 脚外挂鉴频电路,最终从 9 脚输出调制信号。

五、实验内容

1. 按下开关 KA_1、KB_1,调试好小信号调谐放大单元电路。调试好高频功率放大单元电路。

2. 连接好发射电路和接收电路(连 J_{82}、JE_1、JE_3、JE_4、JE_5、JE_6、JA_1、JB_1),同时用实验箱

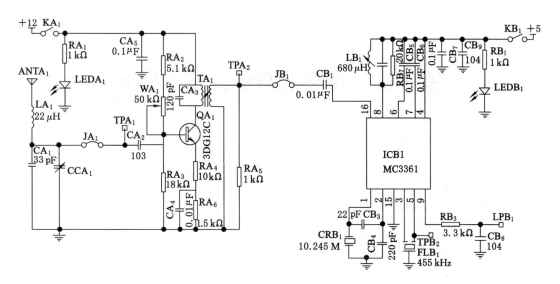

图 4.10.2　调频接收机电原理图

所配的天线(连接导线)分别将发射单元的天线 ANTE₁ 和本实验单元天线 ANTA₁ 连好。

3. 在不加调制信号的情况下,接通发射电路和接收电路的电源,调节变容二极管单元的 L₈₄,用示波器探头测量 TPB₂,当 TPB₂ 处有 455 kHz 的信号输出时,说明调频单元的工作频率在 10.7 MHz 附近。此时从 TPI₈₁ 处加入 1 kHz,峰-峰值为 100 mV 左右的调制信号,则从 TPB₁ 处用示波器可观测到输出的解调波。

4. 当从 TPB₁ 处观察鉴频输出信号,此时如果波形失真,可以微调 LB₁ 和 L₈₄。注意观察鉴频信号频率与调制解调信号频率是否一致,幅度大小与调制频偏的关系(调制频率可以通过改变调制信号大小来改变)。如果 TPB₁ 处的信号失真,一般要考虑是否调制信号幅度过大以及变容二极管调频产生的调频信号的中心频率偏离 10.7 MHz 太远。

六、实验报告内容

1. 分别画出调制信号与鉴频信号的波形,整理好实验所测得的数据并绘制成表格。

2. 用分立元件构成电路实现中频放大第二次混频和鉴频功能,绘制电原理图。

第5章 传感器与测试技术实验

实验 5.1 热电偶测温与冷端温度补偿

一、实验目的

（1）了解热电偶测量温度的原理与应用；

（2）了解热电偶冷（自由）端温度补偿的原理与方法。

二、基本原理

1．测温原理

将两种不同的金属丝组成回路，如果金属丝的两个接点有温度差，在回路内就会产生热电势，这就是热电效应，热电偶就是利用这一原理制成的温差测量传感器，置于被测温度场的接点称为工作端，另一接点称为冷端（也称自由端），冷端可以是室温值也可以是经过补偿后的 0 ℃、25 ℃的模拟温度场。

2．温度补偿原理

为直接反映温度场的摄氏温度值，需对其自由端进行温度补偿。热电偶冷端温度补偿的方法有冰水法、恒温槽法、自动补偿法、电桥法，常用的是电桥法（图 5.1.1），它是在热电偶和测温仪表之间接入一个直流电桥，称冷端温度补偿器，补偿器电桥在 0 ℃时达到平衡（亦有 20 ℃平衡）。当热电偶自由端（a、b）温度升高时（>0 ℃）热电偶回路的电势 U_{ab} 下降，由于补偿器中 PN 结呈负温度系数，其正向压降随温度升高而下降，促使 U_{ab} 上升，其值正好补偿热电偶因自由端温度升高而降低的电势，达到补偿目的。

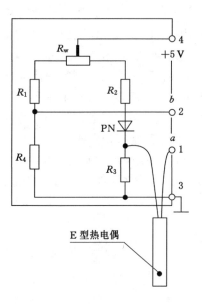

图 5.1.1 电桥法冷端补偿

三、需用器件与单元

1．K/E 型复合热电偶，1 个；

2．温度源，1 个；

3．温度控制仪表，1 个；

4．温度控制测量仪（9000 型），1 个；

5．冷端温度补偿器，1 个。

四、参考实验步骤

1．测温实验

（1）按图 5.1.2 连接传感器和实验电路，将 K/E 复合热电偶插到温度源加热器两个传感器插孔中的任意一个。注意关闭主控箱上的温度开关。"加热方式"开关置"内"端。

（2）将 K 型热电偶的自由端（红＋、黑一）接入主控箱温控部分"EK"端作为温控仪表的

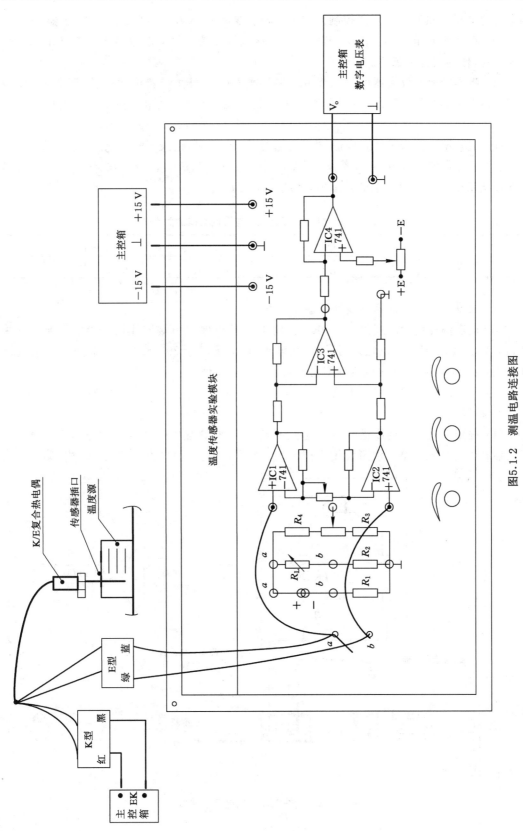

图5.1.2　测温电路连接图

测量传感器对加热器进行恒温控制。注意识别引线标记,K 型、E 型及正极、负极不要接错。

（3）将 E 型热电偶的自由端（蓝＋、绿－）接入温度传感器实验模块上标有热电偶符号的 a、b 孔,作为实验传感器。

（4）将实验模块放大器增益调节 R_{w2} 电位器置中,打开主控箱电源开关,调节 R_{w3} 使数显表显示为零（电压表置 200 mV 挡）,打开主控箱温度开关,设定温控仪控制温度值 $T=50\ ℃$。

（5）观察温控仪指示的温度值,当温度稳定在 50 ℃时,记录下数字电压表读数值。

（6）重新设定温度值为 $50\ ℃+n\cdot\Delta t$,建议 $\Delta t=5\ ℃,n=1,2,\cdots,10$,每隔 n 读出数显电压表指示值与温控仪指示的温度值,并填入表 5.1.1。

表 5.1.1 热电势（放大后）与温度之间的关系

$T/℃$										
V/MV										

（7）根据表 5.1.1 计算非线性误差 δ,灵敏度 S。

（8）设定温控仪表温度值 $T=100\ ℃$,将 E 型热电偶自由端连线从实验模板上拆去并接到数显电压表的输入端（V_i）直接读取热电势值（电压表置 200 mV 挡）,根据 E 型热电偶分度表查出相应温度值（加热器温度与室温之间的温差值）。

（9）计算出加热源的实际摄氏温度并与温控仪的显示值进行比较,试分析误差来源。

2. 补偿实验

（1）按图 5.1.3 连接传感器和实验电路,将 K/E 复合热电偶插到温度源加热器两个传感器插孔中的任意一个。注意关闭主控箱上的温度开关。"加热方式"开关置"内"端。

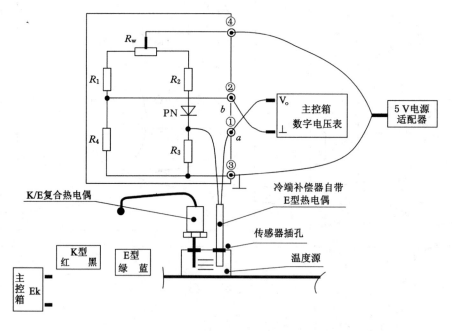

图 5.1.3 冷端温度补偿电路连接图

（2）将 K 型热电偶的自由端（红＋、黑－）接入主控箱温控部分"EK"端作为温控仪表的测量传感器对加热器进行恒温控制。注意识别引线标记，K 型、E 型及正极、负极不要接错。

（3）将冷端温度补偿器（0 ℃）上的热电偶（E 型）插入温度源另一插孔中，在补偿器④、③端加上补偿器电源＋5 V（一定要用外接适配器），将冷端补偿器的①、②端接入数字电压表，重复 50 ℃＋$n \cdot \Delta t$ 的加温过程，记录下数字电压表上的数据填入表 5.1.2。

表 5.1.2　补偿后热电势与温度之间的关系

$T/℃$						
V/MV						

（4）将上述数据与补偿前的结果进行比较，分析补偿前后的两组数据，参照 E 型热电偶分度表，计算因补偿后使自由端温度下降而产生的温差值。

五、思考题

（1）热电偶测量的是温差值还是摄氏温度值？

（2）为什么要进行冷端温度补偿？

（3）绘制补偿前后的电势和温度曲线，并进行参数分析。

实验 5.2　应变片电桥性能实验

一、实验目的

（1）了解金属箔式应变片的应变效应；

（2）了解单臂、半桥、全桥工作原理和性能；

（3）比较单臂、半桥、全桥输出时的灵敏度和非线性误差。

二、基本原理

（1）应变片工作原理

电阻丝在外力作用下发生机械变形时，其电阻值发生变化，这就是电阻应变效应，应变效应的关系式为：$\Delta R/R = K\varepsilon$，式中 $\Delta R/R$ 为电阻丝的电阻相对变化值、K 为应变灵敏系数，$\varepsilon = \Delta L/L$ 为电阻丝长度相对变化。

（2）电桥工作原理

金属箔式应变片是通过光刻、腐蚀等工艺制成的应变敏感元件，用它来转换被测部位的受力大小及状态，通过电桥原理完成电阻到电压的比例变化，对单臂电桥而言，电桥输出电压，$V_{o1} = \dfrac{K\varepsilon}{4}E$；不同受力方向的两片应变片接入电桥作为邻边时，电桥输出灵敏度提高，非线性得到改善。如两片应变片阻值和应变量相同，其桥路输出电压 $V_{o2} = \dfrac{K\varepsilon}{2}E$，比单臂电桥灵敏度提高一倍；全桥测量电路中，将受力状态相同的两片应变片接入电桥对边，不同的接入邻边，应变片初始阻值是 $R_1 = R_2 = R_3 = R_4$，当其变化值 $\Delta R_1 = \Delta R_2 = \Delta R_3 = \Delta R_4$ 时，桥路输出电压 $V_{o3} = KE\varepsilon$，比半桥灵敏度又提高了一倍，非线性误差进一步得到改善。

三、需用器件与单元

1. 应变式传感器实验模块(应变式传感器已安装在上面),1个;

2. 砝码(每只约 20 g),1套;

3. 数显表,1块;

4. 电源:±15 V 电源,±4 V 电源,2块;

5. 万用表,1块。

四、实验参考步骤

1. 单臂电桥

(1) 应变式传感器已装于应变传感器模板上。传感器中各应变片已接入模板左上方的 R_1、R_2、R_3、R_4 标志端,"◀▶"、"▶▶"分别表示应变片的受力方向,应变片阻值 $R_1 = R_2 = R_3 = R_4 = 350\ \Omega$;加热丝也接于模块上,加热丝阻值约为 50 Ω,可用万用表进行测量判别。

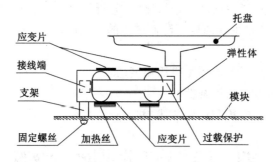

图 5.2.1 单臂电桥示意图

(2) 实验模块仪表放大器调零:方法为:① 接入模块电源 ±15 V 和"⊥"(从主控箱引入),检查无误后,合上主控箱电源开关,将实验模块仪表放大器增益调节电位器 R_{w3} 顺时针调节最大位置。② 将仪表放大器的正、负输入端与地短接,输出端与主控箱面板上数显电压表输入端 V_i 相连,调节实验模板上调零电位器 R_{w4},使数显表显示为零(数显表的切换开关打到 2 V 挡),然后关闭主控箱电源。

(3) 参考图 5.2.2 接入传感器,将应变式传感器的其中一个应变片 R_1(即模板左上方的 R_1)接入电桥作为一个桥臂,它与 R_5、R_6、R_7 接成直流电桥(R_5、R_6、R_7 在模块内已连接好),接好电桥调零电位器 R_{w1},仪表放大器增益电位器 R_{w3} 适中,接上桥路电源 ±4 V(从主控箱引入),数字电压表置 20 V 挡,检查接线无误后,合上主控箱电源开关,先粗调 R_{w1},再细调 R_{w4} 使数显表显示为零,并将数字电压表转换到 2 V 挡再调零,如数字显示不稳,可适当减小放大器增益。

(4) 在传感器托盘上放置 10 只砝码(20 g/只),调整放大器增益 R_{w3},使数字表显示 0.050 V(50 mV),取下 10 只砝码,调整 R_{w4} 使数显表显示为零,再次放上 10 只砝码调整放大器增益 R_{w3},使数字表显示 0.050 V(50 mV),如此反复,直到数字表显示 0.000(无砝码)、0.050 V(10 只砝码,此时输出电压(V)与重量(W)的关系理论上满足 $V = KW$ 线性方程($K = V/W = 50\ mV/200\ g = 0.25$)。

(5) 取下所有砝码,逐一将砝码放入托盘,并读取相应的数显表数值,将实验结果填入表 5.2.1。

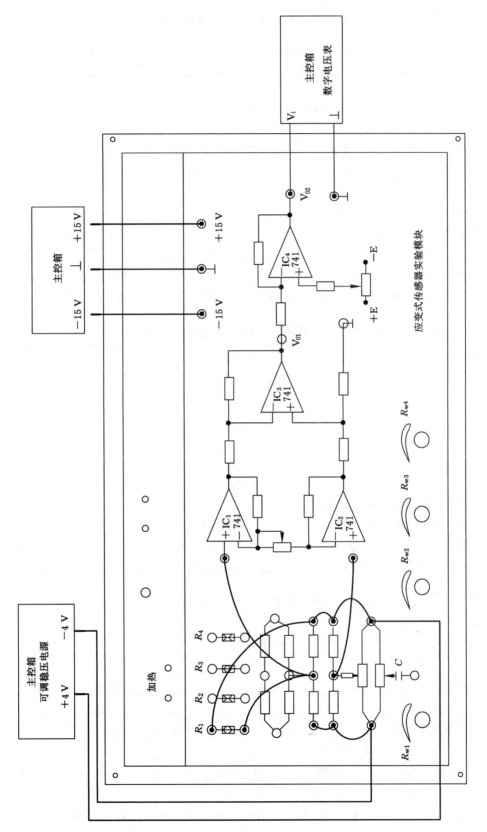

图5.2.2　单臂电桥电路连接图

表 5.2.1　单臂测量时,输出电压与负载重量的关系

重量/g	20	40	60	80	100	120	140	160	180	200
电压/mV										

(6) 根据表 5.2.1 计算系统灵敏度 S:$S = \Delta V / \Delta W$(ΔV 为输出电压平均变化量;ΔW 重量变化量)。

(7) 根据表 5.2.1 计算非线性误差 δ:$\delta = \Delta V_{max} / V_{f.s} \times 100\%$,式中 ΔV_{max} 为输出电压值与拟合直线($V = KW$)的最大电压偏差量:$V_{f.s}$ 为满量程时输出电压值。

2. 半桥

(1) 保持半桥的各旋钮位置不变。

(2) 根据图 5.2.3 接线,R_1、R_2 为实验模板左上方的应变片,注意 R_2 和 R_1 受力状态相反,即桥路的邻边必须是传感器中两片受力方向相反(一片受拉、一片受压)的电阻应变片。接入桥路电源 ± 4 V,先粗调 R_{w1},再细调 R_{w4},使数显表指示为零。注意保持增益不变。

(3) 将砝码逐一放入托盘,并读取相应的数显表数值,记下实验结果填入表 5.2.2。

表 5.2.2　半桥测量时,输出电压与负载重量的关系

重量/g	20	40	60	80	100	120	140	160	180	200
电压/mV										

(4) 根据表 5.2.2、参考实验 5.1 计算灵敏度 $S = \Delta V / \Delta W$ 和非线性误差 δ。

(5) 若实验时数值变化很小或不变化,说明 R_2 与 R_1 为受力状态相同的两片应变片,应更换其中一片应变片。

3. 全桥

(1) 保持半桥的各旋钮位置不变。

(2) 根据图 5.2.4 接线,将 R_1、R_2、R_3、R_4 应变片接成全桥,注意受力状态不要接错,调节零位旋钮 R_{w1},并细调 R_{w4} 使电压表指示为零,保持增益不变。

(3) 逐一将砝码放入托盘,并读取相应的数显表数值,记下实验结果填入表 5.2.3。

表 5.2.3　全桥测量时,输出电压与负载重量的关系

重量/g	20	40	60	80	100	120	140	160	180	200
电压/mV										

(4) 根据表 5.2.3、参考实验 5.1 计算灵敏度 $S = \Delta V / \Delta W$ 和非线性误差 δ。

五、思考题

1. 单臂电桥时,作为桥臂的电阻应变片应选用:(1) 正(受拉)应变片? (2) 负(受压)应变片? (3) 正、负应变片均可以?

2. 半桥侧量时两片不同受力状态的电阻应变片在接入电桥时,应放在:(1) 对边? (2) 邻边的位置?

3. 桥路测量时存在非线性误差,是因为:(1) 电桥测量原理上存在非线性误差? (2) 应

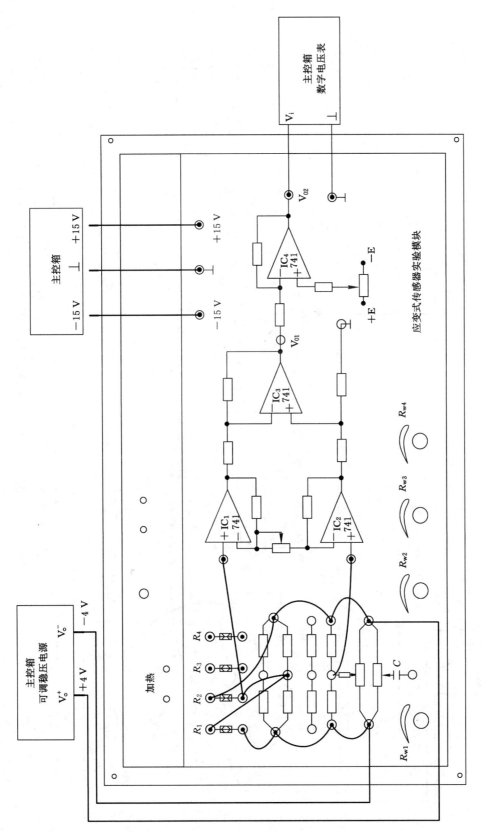

图5.2.3 半桥电桥电路连接图

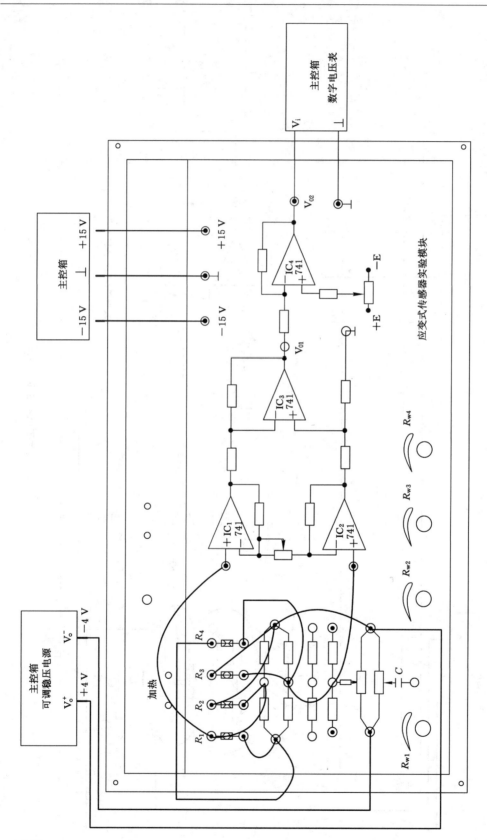

图5.2.4　全桥电桥电路连接图

变片应变效应是非线性的？（3）零点偏移？

4. 全桥测量中，当两组对边（R_1、R_3）电阻值相同时，即 $R_1 = R_3$，$R_2 = R_4$，而 $R_1 \neq R_2$ 时，是否可以组成全桥：（1）可以；（2）不可以。

实验 5.3　电容式位移传感器位移测量及动态验证实验

一、实验目的
（1）了解电容式传感器的结构及其特点；
（2）掌握电容式传感器的动态测试及测量方法。

二、基本原理
（1）位移测量原理

利用平板电容 $C = A/d$ 的关系，在 ε（介电常数）、A（面积）、d（截距）三个参数中，保持两个参数不变，而只改变其中一个参数，就可使电容的容量（C）发生变化，通过相应的测量电路，将电容的变化量转换成相应的电压量，则可以制成多种电容传感器，如：① 变 ε 的湿度电容传感器。② 变 d 的电容式压力传感器。③ 变 A 的电容式位移传感器。本实验采用第③种电容传感器，是一种圆筒形差动变面积式电容传感器。

（2）动态验证原理

利用电容式传感器动态响应好、灵敏度高等特点，可进行动态位移测量。

三、需用器件与单元
1. 电容传感器，1 套；
2. 电容传感器实验模板，1 块；
3. 测微头，1 个；
4. 移相/相敏检波/滤波模板，1 块；
5. 万用表，1 块；
6. 直流稳压电源，1 个；
7. 低通滤波模板，1 块；
8. 数显单元，1 块；
9. 交流稳压电源，1 块；
10. 双踪示波器，1 块；
11. 振动测量控制仪（9000 型），1 块。

四、实验参考步骤
1. 位移测量实验

（1）按图 5.3.1 将电容传感器装于实验模板上，用专用电容连接线连接电容传感器与实验模块。

（2）实验接线见图 5.3.2，将电容传感器实验模板的输出端 V_{01} 与数显电压表 V_i 相接，电压表量程置 2 V 挡，R_w 调节到中间位置。

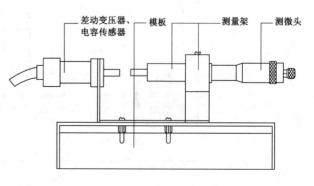

图 5.3.1　实验测量台

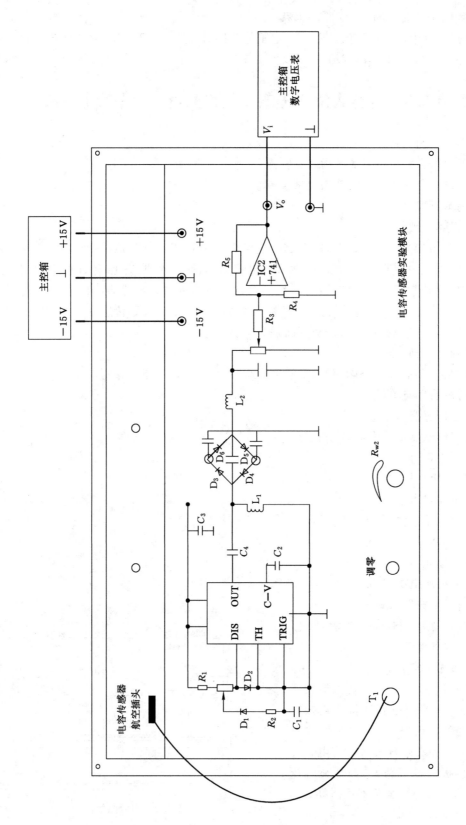

图5.3.2 电路连接图

（3）接入 ± 15 V 电源，将测微头旋至 10 mm 处并传感器相吸合，调整测微头的左右位置，使电压表指示最小，将测量支架顶部的镙钉拧紧，旋动测微头，每间隔 0.2 mm 或 0.5 mm 记下输出电压值(V)，填入表 5.3.1。

（4）将测微头旋回到 10 mm 处，反向旋动测微头，重复实验过程填入表 5.3.1。

表 5.3.1　容式传感器位移与输出电压的关系

位移/mm	-1.5	-1.0	-0.5	$-\Delta X$	0	$+\Delta X$	0.5	1.0	1.5
电压(V_{p-p})				$\leftarrow$	$V_{\min}$	$\rightarrow$			

（5）根据表 5.3.1 数据计算电容传感器的灵敏度 S 和非线性误差 δ，分析误差来源。

2．动态特性验证实验

（1）将电容传感器按图 5.3.3 安装在振动台上，活动杆与振动圆盘吸紧，用手按压振动盘，活动杆应能上下自由振动，如有卡死的现象，必须调整安装位置。图 5.3.4 为电路连接图。

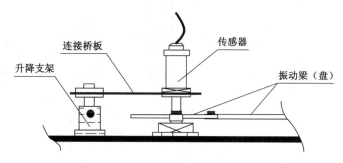

图 5.3.3　实验测量台

（2）按图 5.3.2 接线。实验模板输出端 V_{01} 接低通滤波器输入 V_i 端，低通滤波器输出 V_o 端接示波器。开启电源，调节传感器升降支架高度，使 V_{01} 输出在零点附近。

（3）将低频信号接入振动源，调节低频振荡器的频率在 $6 \sim 12$ Hz，调节幅度旋钮使振动台振动幅度适中，注意观察示波器上显示的波形。

（4）固定低频振荡器幅度钮旋位置不变，低频信号输出端接入数显频率表 f_{in} 端，把数显频率/转速表的切换开关置频率挡，监测低频频率。调节低频振荡器频率钮旋，用示波器读出低通滤波输出电压 V_o 的峰-峰值，填入表 5.3.2。

表 5.3.2　应变梁的幅频特性

f_o/Hz	2	4	6	8	10	12	14	16	18	20
V_o/V_{p-p}										
f_o/Hz	22	24	26	28	30					
V_o/V_{p-p}										

（5）根据表 5.3.2 得出振动梁的共振频率约为 　　　 Hz。

（6）根据实验结果作出振动梁的幅频特性曲线，指出梁的自振频率范围值，并与实验

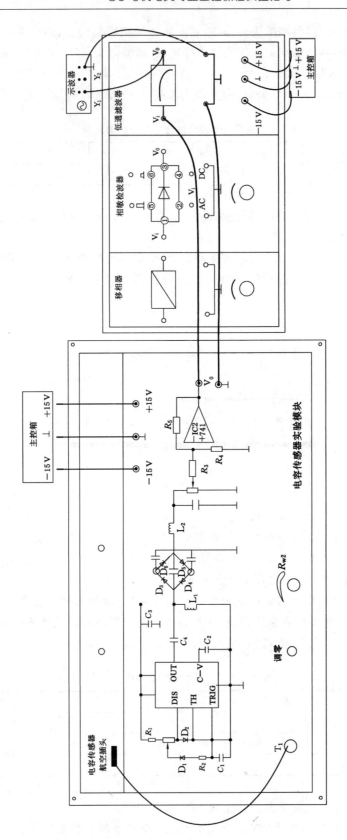

图5.3.4 电路连接图

5.7 用电感传感器测出的结果相比较。

五、思考题

1. 试设计一个利用 ε 的变化测量土壤湿度的电容传感器,并叙述在设计中应考虑哪些因素。

2. 为了进一步提高电容传器的灵敏度,本实验用的传感器可作何改进?

3. 本实验采用的是差动变面积式电容传感器,根据下面提供的电容传感器尺寸,计算在移动 0.5 mm 时的电容变化量(Δc)。电容传感器尺寸:两个固定的外圆筒半径为 $R = 8$ mm,内圆筒半径 $r = 7.25$ mm,当活动杆处于中间位置时,外圆与内圆覆盖部分长度 $L = 16$ mm。

实验 5.4　霍尔传感器应用实验

一、实验目的

(1) 了解霍尔式位移传感器原理与应用;

(2) 了解交流激励时霍尔式位移传感器的特性;

(3) 了解霍尔式传感器用于称重的原理;

(4) 掌握霍尔转速传感器的应用。

二、基本原理

(1) 位移测量实验

根据霍尔效应,霍尔电势 $V_H = KHIB$,保持 KHI 不变,若霍尔元件在梯度磁场 B 中运动,且 B 是线性均匀变化的,则霍尔电势 V_H 也将呈线性均匀变化,这样就可以进行位移测量。

(2) 称重实验原理

当振动台加载时悬臂梁会产生一相应的位移量,通过霍尔式位移传感器测量位移重量转换成电压。

(3) 转速实验原理

根据霍尔效应表达式:$U_H = KHIB$,当 KHI 不变时,在转速圆盘上装上 N 只磁性体,并在磁钢上方安装一霍尔元件。圆盘每转一周经过霍尔元件表面的磁场 B 从无到有就变化 N 次,霍尔电势也相应变化 N 次,此电势通过放大、整形和计数电路就可以测量被测旋转体的转速。

三、需用器件与单元

1. 霍尔传感器实验模块,1 块;

2. 线性霍尔位移传感器,1 套;

3. 被测永久磁钢,1 个;

4. 直流电源:±4 V,15 V,1 套;

5. 测微头,1 个;

6. 数显单元,1 块;

7. 相敏检波/移相/滤波模板,1 块;

8. 双踪示波器,1 块;

9. 转速测量控制仪,1块。

四、实验步骤

1. 直流激励实验

(1) 按图 5.4.1 在实验模块上安装霍尔传感器及磁钢。

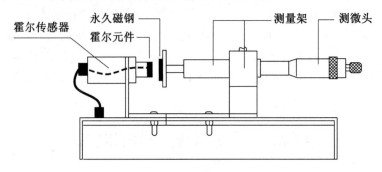

图 5.4.1　测试实验平台

(2) 在测量圆片上吸上圆形磁钢,尽量使磁钢中心对准霍尔传感器。旋转测微杆至 15 mm 处,调节测微杆位置使磁钢与霍尔式传感器探头刚好接触,拧紧测量架顶部的固定镙钉。

(3) 按图 5.4.2 接线,放大器增益旋钮 R_{w3} 置最小位,调节 R_{w1} 使数显电压表指示为零(数显表置 2 V 挡)。

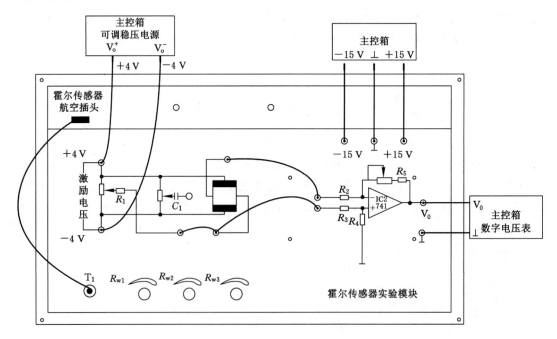

图 5.4.2　实验电路图

(4) 旋动测微头,每间隔 0.2 mm 或 0.5 mm 记下输出电压值(V),填入表 5.4.1。

表 5.4.1　霍尔式位移传感器位移量与输出电压的关系

位移 X/mm	0	0.2	0.4	0.6	0.8	1.0			
电压/V									

（5）将圆形磁钢翻面，测微头回到原来位置，重复（4），比较一下实验结果有什么不同，分别作出 V-X 曲线，计算不同线性范围时的灵敏度 S 和非线性误差 δ。

2．交流激励实验

（1）传感器安装同直流激励（1）～（2）步，开启主控箱电源，在 LV 端用示波器测量音频振荡器输出信号，调节音频振荡器频率和幅度旋扭，使频率为 1 kHZ、幅度为 4 V。关闭主控箱电源。

（2）按图 5.4.3 接线；注意：① 霍尔激励电压必须从 LV 端输出；② 电压过大会烧坏霍尔元件。

（3）用示波器观察放大器的输出端信号，调节电位器 R_{W1}、R_{W2} 使示波器显示最小。

（4）松开测量架顶部的固定镙钉，移动测微头使霍尔传感器产生一个较大位移，用示波器观察相敏检波器输出波形，调节移相电位器 R_W 和相敏检波器电位器 R_W，使示波器显示全波整流波形，且数显表显示相对值（数显表置 2 V 挡）。

（5）移动测微头使霍尔传感器回到与磁钢的接触点，微调 R_{W1}、R_{W2} 与移相/相敏检波器中的 R_W 使数显表显示为零，然后旋动测微头，记下每转动 0.2 mm 或 0.5 mm 时电压表的读数，并填入表 5.4.2。

表 5.4.2　交流激励时输出电压和位移的关系

位移 X/mm	0	0.2	0.4	0.6	0.8	1.0			
电压/V									

（6）根据表 5.4.2 作出 V-X 曲线，计算灵敏度 S 和非线性误差 δ。

3．称重实验

（1）参考直流激励的图 5.4.1 安装霍尔传感器并使探头对准且离开振动圆盘磁钢约 2～5 mm。

（2）根据实验交流激励的图 5.4.3 接线。

（3）在霍尔实验模板上加上直流电压 ±4 V 和 ±15 V，电压表量程置 2 V 挡 。

（4）调整 R_{W1} 电位器使数显电压表指示为零。

（5）在振动台面上分别加砝码：20 g、40 g、60 g、80 g、100 g，读出数显表指示的相应值，依次填入表 5.4.3。

表 5.4.3　砝码与电压的关系

重量/g	20	40	60	80	100	120			
电压/V									

（6）放上未知重物，读出数显表显示的电压值。

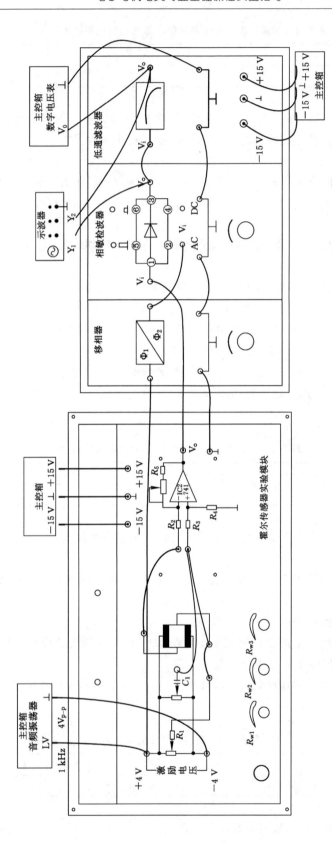

图5.4.3 实验电路图

（7）计算出未知重物大约为　　 g。

4. 转速实验

（1）根据图 5.4.4,将霍尔转速传感器装于转动源的传感器调节支架上,探头对准转盘内的磁钢。

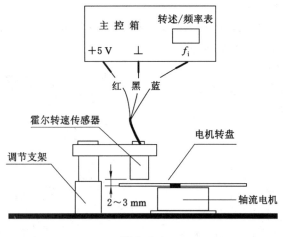

图 5.4.4

（2）将主控箱上＋5 V 直流电源加于霍尔转速传感器的电源输入端,红（＋）、黑（⊥）,不要接错。

（3）将霍尔转速传感器输出端（黄线）插入数显单元 f_i 端,转速/频率表置转速挡。

（4）将主控台上的＋2～＋24 V 可调直流电源接入转动电机的＋2～＋24 V 输入插口（2000 型）。调节电机转速电位器使转速变化,观察数显表指示的变化。

五、思考题

（1）本实验中霍尔元件位移的线性度实际上反映的是什么量的变化。

（2）利用霍尔元件测量位移和振动时,使用上有何限制?

（3）该电子称重系统所加重量受到什么限制? 分析系统误差源。

（4）利用霍尔元件测转速,在测量上是否有限制?

实验 5.5　光纤传感器应用实验

一、实验目的

（1）了解光纤位移传感器的工作原理和性能;

（2）了解光纤位移传感器动态特性;

（3）掌握光纤位移传感器用于测量转速的方法。

二、基本原理

（1）位移测量原理

本实验采用的是导光型多模光纤,它由两束光纤组成半圆分布的 Y 型传感探头,一束光纤端部与光源相接用来传递发射光,另一束端部与光电转换器相接用来传递接收光,两光纤束混合后的端部是工作端亦即探头,当它与被测体相距 X 时,由光源发出的光通过一束光纤射出后,经被测体反射由另一束光纤接收,通过光电转换器转换成电压,该电压的大小与间距 X 有关,因此可用于测量位移。

（2）振动测量原理

利用光纤位移传感器的位移特性,配以合适的测量电路即可测量振动。

（3）转速测量原理

利用光纤位移传感器在被测物的反射光强弱明显变化时所产生的相应信号经电路处理转换成相应的脉冲信号即可测量转速。

三、需用器件与单元

1. 光纤传感器及实验模板,1 块;

2. 数显单元,1 块;

3. 测微头,1 个;

4. 直流电源±15 V,1 套;

5. 铁测片,1 片;

6. 光纤位移传感器,1 套;

7. 光纤位移传感器实验模板,1 块;

8. 振动测量控制仪（9000 型）,1 套;

9. 移相/检波/低通滤波实验模板,1 块;

10. 数显频率/转速表,1 块。

四、实验参考步骤

1. 位移测量实验

（1）根据图 5.5.1 安装光纤位移传感器,两束光纤分别插入实验板上光电变换座内,其内部装有发光管 D 及光电转换管 T。

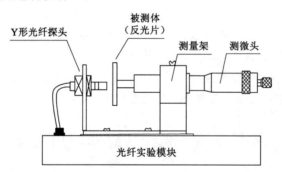

图 5.5.1　实验操作台

（2）将光纤实验模板输出端 V_0 与数显单元相连,如图 5.2.2 所示。

（3）在测微头顶端装上铁质圆片作为反射面,调节测微头使探头与反射面轻微接触,数字电压表置 20 V 挡。

（4）实验模板接入±15 V 电源,合上主控箱电源开关,调节 R_{W2} 使数字电压表显示为零。

（5）旋转测微头,使被测体离开探头,每隔 0.1 mm 读出数显表显示值,将数据填入表 5.5.1。

注:电压变化范围从最小→最大→最小必须记录完整。

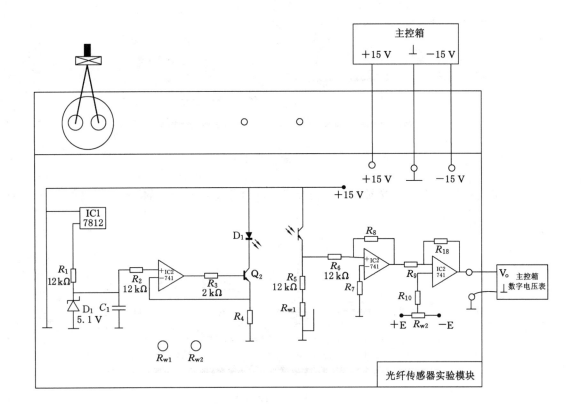

图 5.5.2　实验电路图

表 5.5.1　光纤位移传感器输出电压与位移数据

X/mm										
V/V										

（6）根据表 5.5.1 数据，作出光纤位移传感器的位移特性图，并分析、计算出前坡和后坡的灵敏度及两坡段的非线性误差。

2．振动测量实验

（1）保持位移测量实验模块接线，光纤位移传感器实验模块 V_{o1} 与移相/检波/滤波实验模块中的低通滤波器 V_i 相接，低通滤波输出 V_o 接到示波器。

（2）将光纤传感器探头移至振动台，安装见图 5.5.3，光纤探头对准振动台的反射面。

（3）根据位移测量实验的结果，找出前坡或后坡的线性段中点（电压值），通过调节安装支架高度将光纤探头与振动台台面的距离调整在线性段中点（大致目测）。

（4）在振动源上接入低频振动信号，将频率选择在 6～10 Hz 左右，逐步增大输出幅度，注意不能使振动台面碰到传感器，观察示波器的信号波形。保持振动幅度不变，改变振动频率观察示波器的信号波形。

（5）根据位移测量实验的数据，计算出梁的振动幅度。

3．转速测量实验

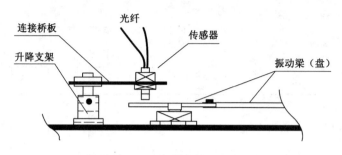

图 5.5.3　实验操作台

（1）将光纤传感器探头按图 5.5.4 安装于转动台传感器支架上，使光纤探头与电机转盘平台上的反射点对准。

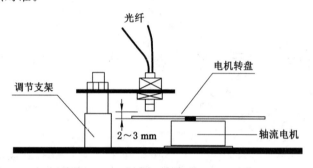

图 5.5.4　实验操作台

（2）按图 5.5.2 模块接线，数显电压表置 2 V 挡，并按以下步骤操作：① 用手转动圆盘，使探头避开反射面，合上主控箱电源开关，调节 R_{w2} 使数显表显示接近零（≥0）。② 再用手转动圆盘，使光纤探头对准反射点，调节升降支架高低，使数显表指示最大，重复①、②步骤，直至两者的电压差值最大（差值需大于 1 V）。再将 V_{o1} 与转速/频率表的 f_{in} 端相接，频率/转速表开关拨到转速挡。

（3）接入 +2～+24 V 直流电压至旋转电机，调节转速旋钮，使电机转动，逐渐加大转速电压，使电机转速加快，固定某一转速记下数显表上读数。

注：最高转速不得超过 2 400 r/min，否则可能会超出光纤探头的动态响应范围。

五、思考题

1. 光纤位移传感器测量位移时，对被测体的表面有些什么要求？

2. 试分析电容式、电涡流、光纤三种传器测量振动时的特点。

3. 光纤位移传感器测量位移时，对被测体的表面有些什么要求？

4. 测量转速时转速盘上反射点的多少与测速精度有否影响？如何用实验来验证转盘上仅一个反射点的情况？

实验 5.6　CCD 图像传感器线(圆)径测量实验

一、实验目的

（1）了解光 CCD 的工作原理和性能；

（2）了解 CCD 的测量直径。

二、测量原理

CCD 线（圆）径测试实验仪是利用物体（被检测物）在 CCD 成像传感器上的投影来测量物体径向宽度的光电测量设备。利用计算机技术将 CCD 成像传感器上的投影图像，通过数字化的采集、传输、处理，最终显示，便能更方便、准确地观察、测量物体的几何形状及尺寸，尤其是微小的物体，并可以存储、保存或打印测量内容，大幅度地提高了工作效率，减轻了操作者的工作强度。

被测体与背景发出的自然光，通过光学系统后，在 CCD 传感器端成像，成像的清晰度由光学系统控制（即调焦），摄像头具有自动调焦的功能，也可手动调焦。由于被测体与背景在成像端有一定的对比度，通过二值化图像，可测出被测体的像素，当被测体与光学系统的距离一定时，被测体的成像像素与被测体实际尺寸具有一定的比例关系，通过标准件的定标，得出相应的比例因子，这样通过计算就能测出被测体的尺寸。如图 5.6.1 所示。

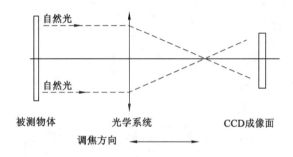

图 5.6.1　实验原理图

三、需用器件与单元

1. CCD 线（圆）径测试仪（成像面尺寸：640 像素×480 像素，有效测量范围：0.5～10 mm，干扰误差小于 0.5 mm），1 套；

2. 成像传感器及电子处理模块，1 套；

3. 成像光学系统，1 套；

4. 标准件，1 套；

5. 遮光，1 件；

6. USB 接口线，1 根；

7. SET/CCDV9.8 测量软件，1 套。

四、实验参考步骤

1. 将实验仪上的 USB 线连接到计算机上。

2. 软件安装：复制光盘中的 SETCCD.exe 和 VIDCAP32.EXE 文件，将快捷方式添加至桌面（使用方便）。

3. 使用：点击 SETCCD.exe 图标，启动测试仪软件如图 5.6.2 所示。

窗口说明如下。

<1> 系统：点击系统可选择退出。

<2> 选项：点击选项可进行参数设置，如图 5.6.3 所示。

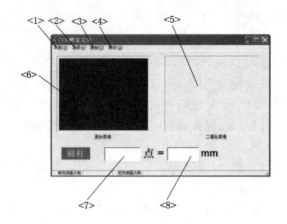

图 5.6.2　测量界面

<3> 控制:控制测量的启动和停止。

<4> 形状:设定测线径还是圆径。

<5> 二值化图像显示窗口。

<6> 原始图像显示窗口。

<7> 测得的实际像素值。

<8> 除以比例因子后的实际值。

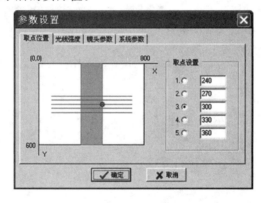

图 5.6.3　选项参数设置

取点位置:

为测线径时的设置(如图 5.6.4 所示),利用水平的五条直线(即绿线,位置可自己设定,设定范围在 100~500 垂直像素之间)与被测物体左边相交的五个点确定一条拟合直线,在被测体的右边与这五条直线的交点上任意选定一点(即小红点),那么此点到左边拟合直线的垂直距离即为被测体的线径。

根据被测环境的情况选择合适光线强度,调节到二值化图像清晰、在被测体图像上无黑斑为止。根据被测体的亮度选择相应项(此实验装置选第一个),如图 5.6.4 所示。

本仪器镜头至背景的距离为 200 mm 左右。由于用摄像头采集的图像边缘有一定的几何失真,为此本软件设定了变形修正系数。用于补偿几何变形。如图 5.6.5、图 5.6.6 所示。

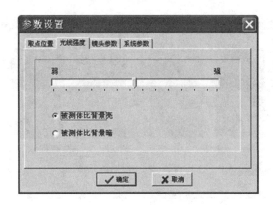

图 5.6.4　光纤强度参数设置

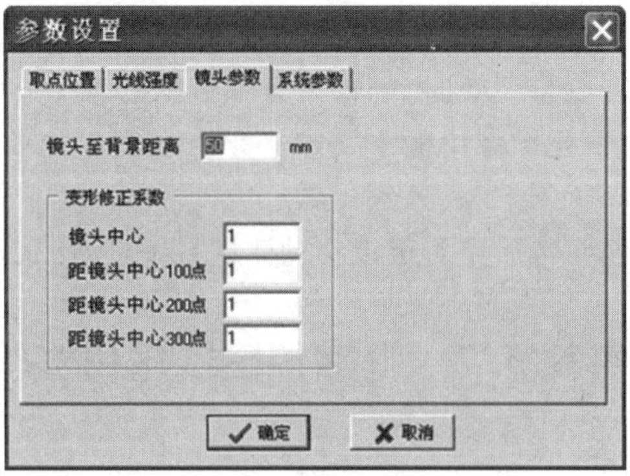

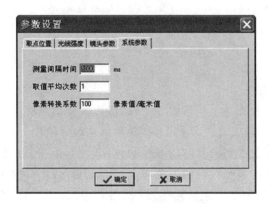

图 5.6.5　镜头参数设置

图 5.6.6　系统参数设置

（1）测量间隔时间：即每隔多少时间测量一次。

（2）取值平均次数：设定显示值的测量次数。

（3）像素转换系数为设定像素与实际物体的比值（比例因子），单位为像素/mm。在实验中先用标准件测出它的像素值，除以标准件的实际尺寸，求得它的像素转换系数，再去测其他的被测体。图 5.6.7 为圆柱测量实验结果。

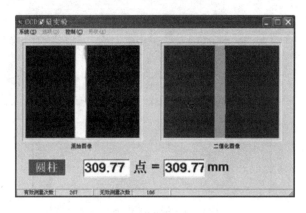

图 5.6.7　圆柱测量实验结果

五、思考题

1. 当测不到物体或者测量无效时,为什么会发出警报声?

2. 在测量圆径时,二值化图像中的十字架必须点在圆盘里面的任意位置是否可行,为什么?

3. 在标定好像素转换系数后是否可以移动测试系统,为什么?

实验 5.7　电感传感器应用实验

一、实验目的

(1) 了解差动变压器的工作原理和特性;

(2) 了解初级线圈激励频率对差动变压器输出性能的影响;

(3) 了解差动变压器零点残余电压的补偿方法;

(4) 了解差动变压器测量振动的方法。

二、基本原理

1. 差动变压工作原理

差动变压器结构如图 5.7.1 所示,由一只初级线圈和两只次级线圈及一个铁芯组成,根据内外层排列不同,有二段式和三段式,本实验采用三段式结构。在传感器的初级线圈上接入高频交流信号,当初、次中间的铁芯随着被测体移动时,由于初级线圈和次级线圈之间的互感磁通量发生变化促使两个次级线圈感应电势产生变化,一只次级感应电势增加,另一只感应电势则减少,将两只次级线圈反向串接(同名端连接),在另两端就能引出差动电势输出,其输出电势的大小反映出被测体的移动量。

2. 变压传感器频响曲线

差动变压器输出电压可以近似用下式表达:

$$U_o = \frac{\omega(M_1 \cdot M_2)Ui}{\sqrt{R^2 + \omega^2 L^2}}$$

式中　L,R——电感和损耗电阻;

　　　U_i,ω——初级线圈激励电压有效值和角频率;

　　　M_1,M_2——初级与两个次级间互感系数。

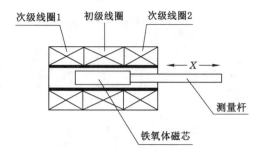

图 5.7.1　差动变压器结构

由关系式可以看出，当初级线圈激励电压频率(ω)太低时，$R^2 \gg \omega^2 L^2$，则：

$$U_\circ \doteq \frac{\omega(M_1 \cdot M_2)U_i}{R}$$

可见输出电压 $U_\circ$ 受初级线圈激励电压频率(ω)变动影响，且 $U_\circ$ 较小。

如升高初级线圈激励电压频率(ω)，$\omega^2 L^2 \gg R^2$，则：

$$U_\circ \doteq \frac{(M_1 \cdot M_2)U_i}{L}$$

可见 $U_\circ$ 与 ω 无关，这是理想状态，当然 ω 过高会使线圈寄生电容增大，对性能稳定不利。

3．零点残余电压补偿原理

由于受到差动变压器 2 个次级线圈的等效参数不对称、线圈的排列不均匀与不一致、铁芯 B-H 特性的非线性等因素的影响，在铁芯处于差动变压器线圈中间位置时，实际输出电压并不为零。这个电压称为零点残余电压。

4．振动测量原理

振动引起铁芯位置变化，从而造成 L 的变化，其原理与测量位移一样，可采用自感式与互感式两种。

三、需用器件与单元

1．差动变压器，1 套；

2．差动变压器实验模块，1 块；

3．测微头，1 个；

4．双踪示波器，1 块；

5．音频振荡器，1 块；

6．直流稳压电源，1 套；

7．数字电压表，1 个。

四、实验参考步骤

1．差动变压工作原理验证实验

（1）根据图 5.7.2，将差动变压器安装在差动变压器实验模块上。

（2）在模块上如图 5.7.3 接线，音频振荡器信号必须从主控箱中的 LV 端子输出，调节音频振荡器的频率旋钮，输出频率为 4～5 kHz（可用主控箱的数显频率表来监测），调节幅度旋钮使输出幅度 V_{p-p} 为 2～5 V（可用示波器监测），模块上 L_1 表示初级线圈，L_2、L_3 表示两个次级线圈且同名端相连。

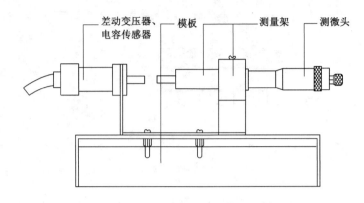

图 5.7.2 差动变压器安装示意图

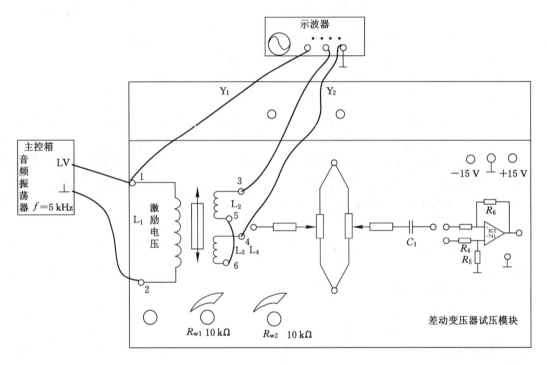

图 5.7.3 电路接线图

（3）将测微头旋至 10 mm 处，调整测微头的左右位置，使之与差动变压器活动杆吸合并且使示波器第二通道显示的波形值 V_{p-p} 为最小，然后将测量支架顶部的镙钉拧紧固定住测微头。这时就可以进行位移性能实验了，假设其中一个方向为正位移，则另一方向为负位移。

（4）测微头旋回到 V_{p-p} 最小处并反向旋转测微头，隔 0.2 mm 或 0.5 mm 从示波器上读出电压 V_{p-p} 值并填入表 5.7.1，在实验过程中注意观察两个不同方向位移时初、次级波形的相位关系。

表 5.7.1 差动变压器位移 ΔX 值与输出电压 V_{p-p} 数据表

位移 x/mm	−2.0	−1.5	−1.0	−0.5	$-\Delta X$	0	$+\Delta X$	0.5	1.0	1.5	2.0
电压(V_{p-p})					←	V_{min}	→				

（5）实验过程中差动变压器输出的最小值即为差动变压器的零点残余电压。根据表 5.7.1 画出 V_{p-p}-X 曲线。注意 $-\Delta X$ 与 $+\Delta X$ 时 V_{p-p} 与初级信号的相位。

（6）计算 ± 1 mm、± 3 mm 测量范围时的灵敏度。

2. 变压传感器频响曲线测定实验

（1）保持实验板接线和传感器及测微头的安装位置不变。

（2）选择音频信号从 LV 端输出，频率为 1 kHz，幅度调节在 $2V_{p-p} \sim 5V_{p-p}$ 内，旋动测微头，传感器铁芯至中间位置（即输出信号最小时的位置）。

（3）旋动测微头，每间隔 0.2 mm 或 0.5 mm 在示波器第二通道上读取信号电压的 V_{p-p} 值，填入表 5.7.2。

表 5.7.2　不同激励频率时输出电压（峰一峰值）与位移 X 的关系

位移 x/mm					
$U_o(V_{p-p})$					

（4）保持输入信号幅度不变，分别改变激励频率为 3 kHz、5 kHz、7 kHz、9 kHz 重复实验步骤（3）并将实结果逐一填入表 5.7.2。

（5）作出每一频率时的 V_{p-p}-X 曲线，并计算其灵敏度 S，并作出灵敏度（S）与不同激励频率（f）的关系曲线。

3. 零点残余电压补偿实验

（1）按图 5.7.2 安装好差动变压器并按图 5.7.4 接线，音频振荡器信号必须从主控箱中的 LV 端子输出，调节音频振荡器的频率旋钮，输出频率为 4～5 kHz（可用主控箱的数显

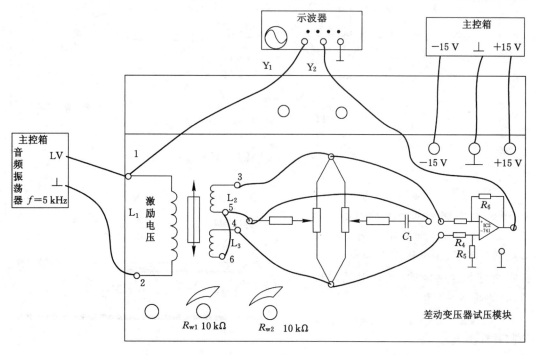

图 5.7.4　差动变压器零点残余电压补偿实验（1）

频率表来监测），调节幅度旋钮使输出幅度为 $V_{p-p}=2\sim5$ V。可用示波器监测，实验模块上的 R_1、C_1、R_{w1}、R_{w2} 为电桥平衡网络。

（2）移动、调节测微头，使差动放大器输出电压最小。

（3）依次调整 R_{w1}、R_{w2}，使输出电压降进一步减小。

（4）将示波器第二通道（Y_2）的灵敏度提高，观察零点残余电压的波形，注意与第一通道激励电压相比较。

（5）从示波器上观察并记录下差动变压器的零点残余电压值。（注：此时的零点残余电压是经放大后的零点残余电压）。

（6）分别拆去 R_1、C_1 与电路的联线，观察并记录下示波器信号值，比较一下与上述（5）的结果有什么不同。

（7）按图 5.7.5 接线，重复上述实验步骤并与图 5.7.4 的实验结果进行比较。

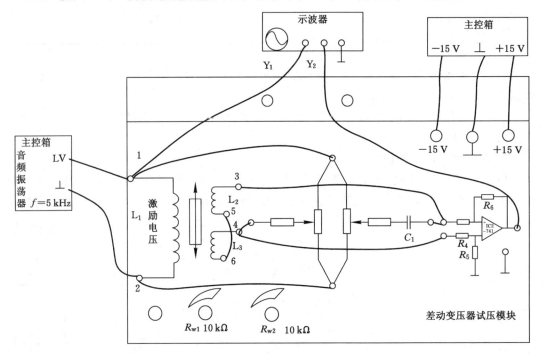

图 5.7.5　差动变压器零点残余电压补偿实验（2）

4. 振动测量实验

（1）将差动变压器按图 5.7.6 安装在振动台上，差动变压器活动杆与振动圆盘吸紧，用手按压振动盘，活动杆应能上下自由振动，如有卡死的现象，必须调整安装位置。

（2）按图 5.7.7 接线，并按以下步骤调整电路：

① 检查接线无误后，合上主控箱

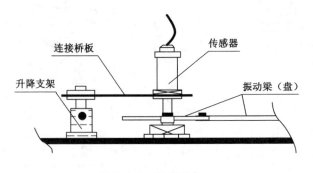

图 5.7.6　实验平台

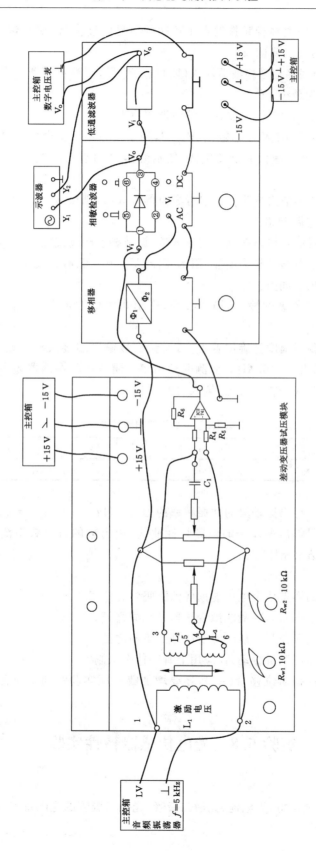

图5.7.7　电路连接图

电源开关,用示波器(Y_1)观察音频振荡器 LV 端的信号幅度值,调整音频振荡器幅度旋钮使 LV=$5V_{p-p}$,频率调整在 5 kHz。

② 用示波器(Y_1)观察相敏检波器输入(V_i)端的信号,调整传感器升降支架高度,使示波器显示的波形幅值为最小。

③ 仔细调节 R_{w1} 和 R_{w2} 使示波器显示的波形幅值更小。

④ 示波器(Y_1)移至相敏检波器输出(V_o)端,用手按住振动平台(让传感器产生一个大位移)仔细调节移相器和相敏检波器的旋钮,使示波器(Y_1)显示的波形为一个接近全波整流的波形。

⑤ 松手后,整流波形消失变为一条接近零点的直线(否则须再调节 R_{w1} 和 R_{w2} 或传感器升降支架高度),至此电路调整完毕。

(3) 将低频振荡器信号接入振动源的输入端,调节振动幅度旋钮适中,调节频率旋钮在 8~12 Hz 左右,使振动台振动较为明显,用示波器(Y_2)观察低通滤波器的输出端波形并与 Y_1 波形进行比较,找出异同点。

(4) 分别观察电路各级的输入、输出波形,作出相关的波形图,加深对该测量电路的了解。

(5) 固定低频振荡器幅度钮旋位置不变,低频信号输出端接入数显频率表 f_{in} 端,把数显频率/转速表的切换开关置频率挡,监测低频频率。调节低频振荡器频率钮旋,用示波器读出低通滤波输出电压 V_o 的峰-峰值,填入表 5.7.3。

表 5.7.3 应变梁的幅频特性

f_o/Hz	2	4	6	8	10	12	14	16	18	20
$V_o(V_{p-p})$										

(6) 根据表 5.7.3 得出振动梁的共振频率约为 ___ Hz。

(7) 根据实验结果作出振动梁的幅频特性曲线,指出梁的自振频率范围值,并与实验 5.2 用应变片测出的结果相比较。

五、思考题

(1) 差动变压器的零点残余电压能彻底消除吗?

(2) 试分析差动变压器与一般电源变压器的相同之处。

(3) 试分析差动变压器与一般电源变压器的不同之处。

(4) 利用差动变压器测量振动,在应用上有些什么限制?

(5) 如需确定梁的振动位移量(Δy),还要增加哪一项实验?利用现有设备,你能完成该项实验吗?

实验 5.8 光电传感器特性实验

一、实验目的

初步定性了解光敏电阻、光电池、光敏二极管、光敏三极管的光电特性,即供电电压一定时,电流与亮度的关系。

二、基本原理

光敏电阻是一种当光照射到材料表面上被吸收后,在其中激发载流子,使材料导电性能发生变化的内光电效应器件。最简单的光敏电阻原理和符号如图 5.8.1 所示,由一块涂在绝缘基底上的光电导体薄膜和两个电极所构成。当加上一定电压后,光生载流子在电场的作用下沿一定的方向运动,在电路中产生电流,经 R_1 转换成电压,达到了光电转换的目地。

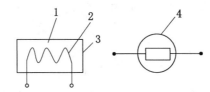

1—光电导体膜;2—电极;3—绝缘基底;4—电路符号。

图 5.8.1　光敏电阻原理和符号

光敏二极管是一种光生伏特器件,用高阻 P 型硅作为基片,然后基片表面进行掺杂形成 PN 结。N 区扩散很浅为 1 μm 左右,荷区(即耗尽层)较宽,所以保证了大部分光子入射到耗层内被吸收而激发电子-空穴对,电子-空穴对在外加负向偏压 VBB 的作用下,空穴流向正极,形成了二极管的反向光电流。光电流通过外加负载电阻后产生电压,达到了光电转换的目地。

光敏三极管与光敏二极管相同,提高了灵敏度,光电流通过外加负载电阻后产生电压,达到了光电转换的目地。

硅光电池在原理结构上相似与光敏二极管,光电池用的衬底材料的电阻率低,约为 0.1~0.01 $\Omega \cdot cm$,极管衬底材料的电阻率约为 1 000 $\Omega \cdot cm$,光敏面从 0.1~10 $\Omega \cdot cm^2$ 不等,光敏面积大则接收辐射能量多,输出光电流大。

三、需用器件与单元

1. 光电模块,1 块;

2. 数显电压表,1 块;

3. +15 V 电压,1 套。

四、注意事项

1. 这里仅对光电传感器亮度特性作初步定性了解,不作定量分析。

2. 注意传感器接入端极性。

五、实验参考步骤:

1. 接入+15 V 电源到模块上,插入光源插头到实验模块光源输出孔,跟随器输出接数显表,光源调节旋至最小。

2. 参考图 5.8.2 至图 5.8.5,根据实验内容将光敏电阻(光敏二极管、光敏三极管)分别接入"传感器输入"处(注意传感器接入端极性),光电池则须接入跟随器的 V_i 端。R_{w1} 至最大,V_o 端接跟随器的 V_i 端。

3. 将光源探头(红色 LED)对准所要实验的传感器,拉下光源外罩,使光电传感器无光线干扰。

4. 打开主控台电源,记录数显表读数,每旋转光源调节一圈记录数显表电压值。

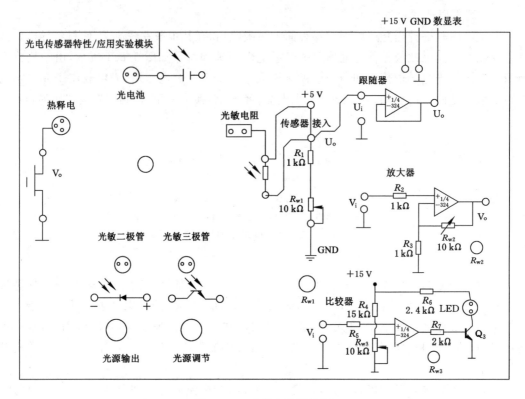

图 5.8.2 光敏电阻接线图

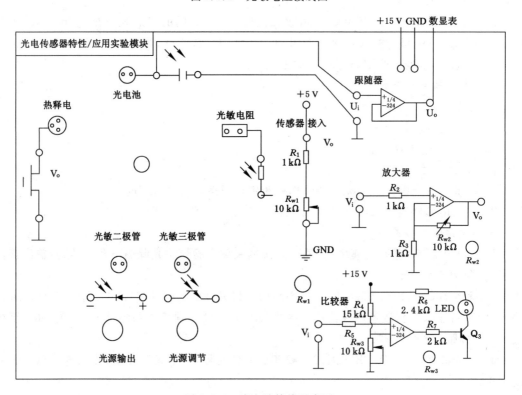

图 5.8.3 光电池接线示意图

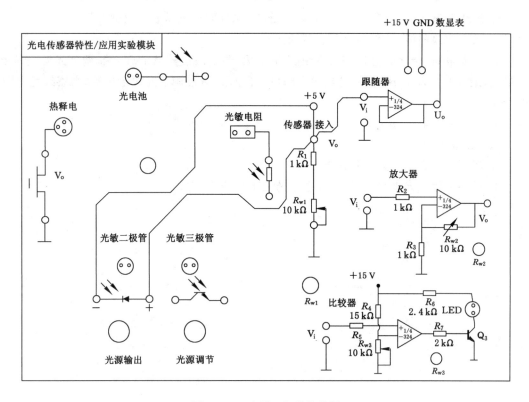

图 5.8.4 光敏二极管接线图

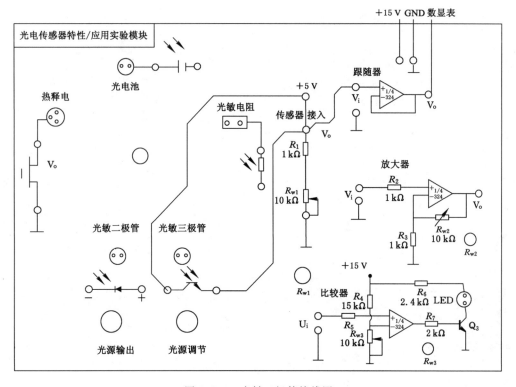

图 5.8.5 光敏三极管接线图

5. 逐步调节光电调制系统"手动调节"旋钮,观察数显电压表的读数并记录。

6. 做出实验曲线,分析各个传感器的区别。

7. 光控电路(暗光亮灯)实验:将跟随器的 V_o 端接入比较器的 V_i 端,调节光源电位器至最大(最强光),调节 R_{w3} 使右边红色 LED 刚好熄灭,缓慢调节光源电位器,观察红色 LED 的变化。

8. 调节光源电位器至最小(暗光),此时红色 LED 发光。

六、思考题

1. 如何选择合适的光电传感器?

2. 哪些装置是光电接受装置,哪些装置是光电发射装置?

附录　部分集成电路引脚排列

一、74LS 系列

74LS00 四 2 输入与非门

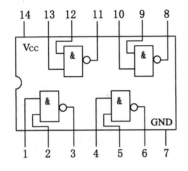

74LS86 四 2 输入异或门

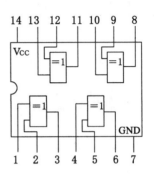

74LS03 四 2 输入 OC 与非门

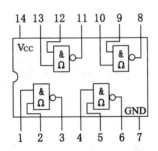

74LS32 四 2 输入或门

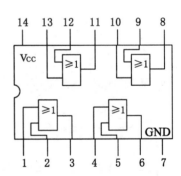

74LS04 六反相器

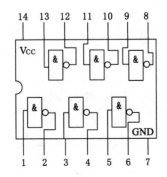

74LS08 四 2 输入与门

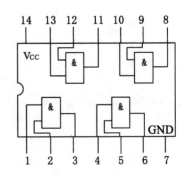

74LS20 双 4 输入与非门

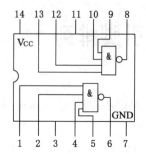

74LS54

74LS74

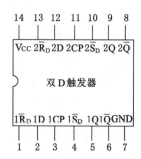

74LS02

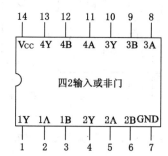

74LS90

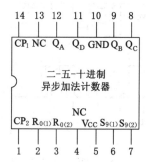

74LS112

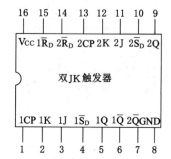

74LS125

74LS138

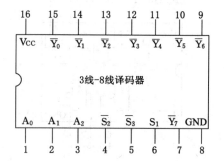

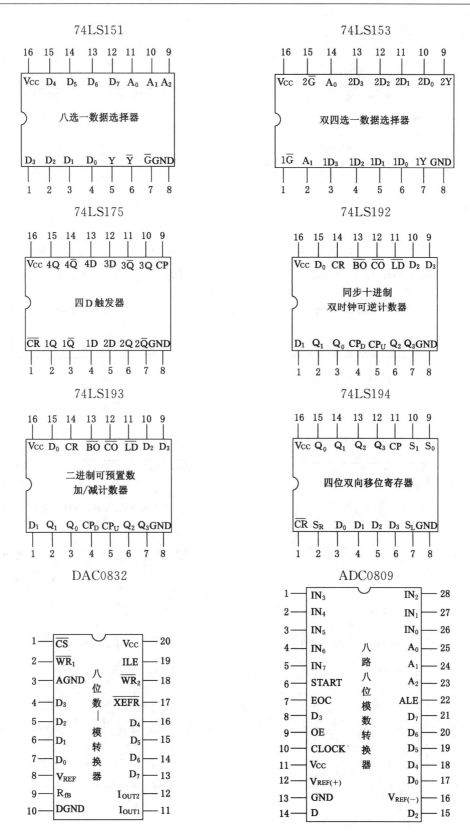

74LS151
八选一数据选择器

74LS153
双四选一数据选择器

74LS175
四 D 触发器

74LS192
同步十进制
双时钟可逆计数器

74LS193
二进制可预置数
加/减计数器

74LS194
四位双向移位寄存器

DAC0832

ADC0809

uA741 运算放大器

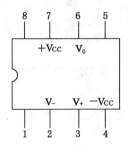

555 时基电路

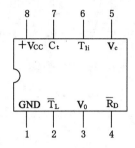

74LS161

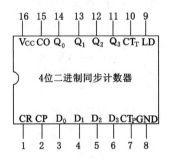

74LS148

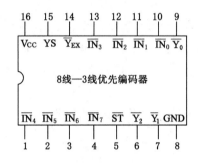

74LS30

74LS244

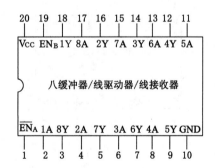

二、CC4000 系列

CC4001 四 2 输入或非门

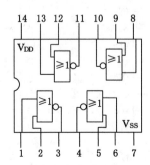

CC4011 四 2 输入与非门

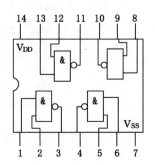

CC4012 双 4 输入与非门

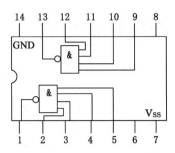

CC4030 四异或门

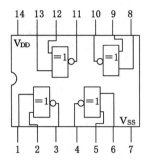

CC4071 四 2 输入或门

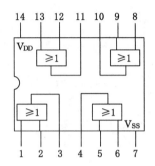

CC4081 四 2 输入与门

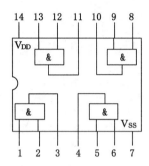

CC4069 六反相器

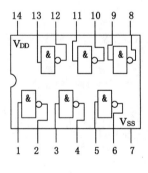

CC40106 六施密特触发器

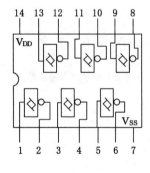

CC4027

CC4028

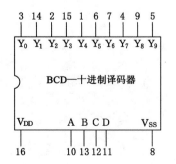

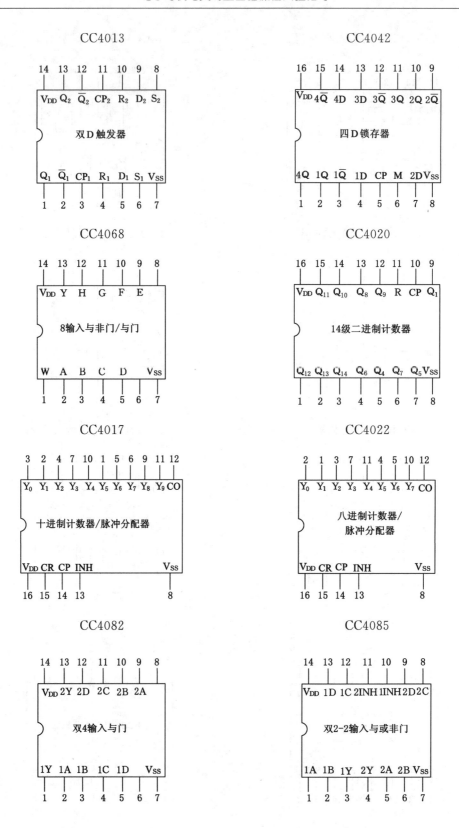

CC4086

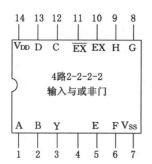

4路2-2-2-2
输入与或非门

CC4093 施密特触发器

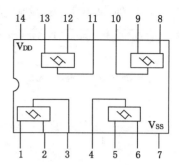

CC14528（CC4098）

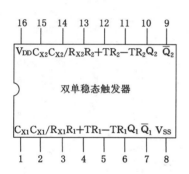

双单稳态触发器

双时钟 BCD 可预置数
十进制同步加/减计数器

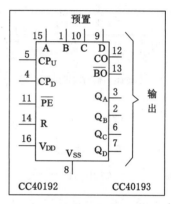

CC40192　　　CC40193

CC4024

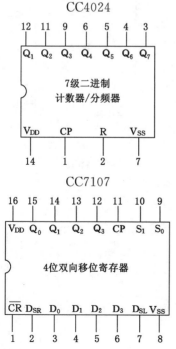

7级二进制
计数器/分频器

CC7107

4位双向移位寄存器

CC40194

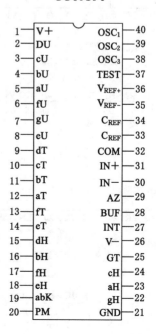

CC14433

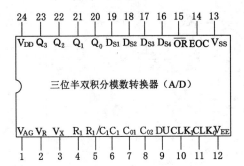

三位半双积分模数转换器（A/D）

引脚：
24 VDD, 23 Q3, 22 Q2, 21 Q1, 20 Q0, 19 DS1, 18 DS2, 17 DS3, 16 DS4, 15 OR, 14 EOC, 13 VSS

1 VAG, 2 VR, 3 VX, 4 R1, 5 R1/C1, 6 C1, 7 C01, 8 C02, 9 DU, 10 CLK1, 11 CLK0, 12 VEE

三、CC4500 系列

CC4511

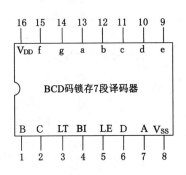

BCD码锁存7段译码器

16 VDD, 15 f, 14 g, 13 a, 12 b, 11 c, 10 d, 9 e

1 B, 2 C, 3 LT, 4 BI, 5 LE, 6 D, 7 A, 8 VSS

CC14516

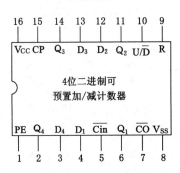

4位二进制可
预置加/减计数器

16 VCC, 15 CP, 14 Q3, 13 D3, 12 D2, 11 Q2, 10 U/D̄, 9 R

1 PE, 2 Q4, 3 D4, 4 D1, 5 Cin̄, 6 Q1, 7 CŌ, 8 VSS

CC4518

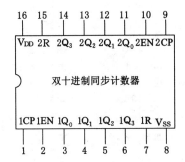

双十进制同步计数器

16 VDD, 15 2R, 14 2Q3, 13 2Q2, 12 2Q1, 11 2Q0, 10 2EN, 9 2CP

1 1CP, 2 1EN, 3 1Q0, 4 1Q1, 5 1Q2, 6 1Q3, 7 1R, 8 VSS

CC4514

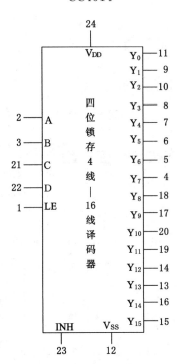

四位锁存4线—16线译码器

24 VDD

2 A, 3 B, 21 C, 22 D, 1 LE

Y0 11, Y1 9, Y2 10, Y3 8, Y4 7, Y5 6, Y6 5, Y7 4, Y8 18, Y9 17, Y10 20, Y11 19, Y12 14, Y13 13, Y14 16, Y15 15

23 INH, 12 VSS

CC4553

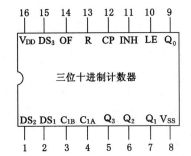

三位十进制计数器

16 VDD, 15 DS3, 14 OF, 13 R, 12 CP, 11 INH, 10 LE, 9 Q0

1 DS2, 2 DS1, 3 C1B, 4 C1A, 5 Q3, 6 Q2, 7 Q1, 8 VSS

CC14512

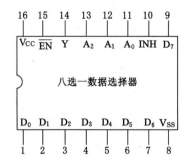

CC14539

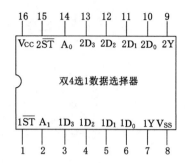

CC3130

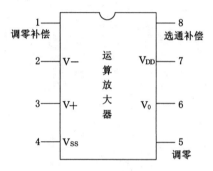

MC1413(ULN2003)
七路 NPN 达林顿列阵

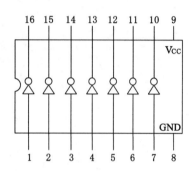